原创文明中的陕西民间世界

张志春 主编

造纸

张兴海 朱春雨 著

西北大学出版社·西安·

图书在版编目（CIP）数据

造纸 / 张兴海,朱春雨著. —西安:西北大学出版社,
2021.3
（原创文明中的陕西民间世界 / 张志春主编）
ISBN 978-7-5604-4660-8

Ⅰ.①造… Ⅱ.①张… ②朱… Ⅲ.①造纸—生产工
艺—陕西 Ⅳ.①TS75

中国版本图书馆 CIP 数据核字（2020）第 261778 号

造　纸

张兴海　朱春雨　著

西北大学出版社出版发行

（西北大学校内　邮编:710069　电话:029-88302589）

http://nwupress.nwu.edu.cn　E-mail:xdpress@nwu.edu.cn

全国新华书店经销　陕西龙山海天艺术印务有限公司

开本:787 毫米×1092 毫米　1/16　印张:15

2021 年 3 月第 1 版　2021 年 3 月第 1 次印刷

字数:214 千字

ISBN 978-7-5604-4660-8　定价:90.00 元

如有印装质量问题, 请与本社联系调换, 电话 029-88302966。

总　序

张志春

认真说起来，这一套丛书，是呼应全球非物质文化遗产保护运动而策划的全新选题。21世纪之初，当"非物质文化遗产"这一概念撞入眼帘的时候，国人颇有一些陌生的感觉。似不顺口，也不知怎样简称才好。追溯传统，中国文化似乎少有从否定角度命名的习惯。除却先秦思辨中的"白马非马"的表述，一般都是直接应对且正面命名。如黑白、阴阳、昼夜、男女、好坏，无不如是。究其翻译文本的原初，是联合国教科文组织依据日文"无形文化财"的概念。所谓文化财者即文化遗产也。非物质与无形亦不过同质异构的概念罢了。它的学科基础是民俗学，期待中的非物质遗产学正在建设之中。对于这一概念，学术界初有争论，最初认作政府工作的概念，渐渐地趋于熟惯，政府、学者和民众都认可了。非物质文化遗产竟也成为这个时代街谈巷议的热词。于是乎，有关它的相关项目较有深度的叙述也成为普遍需求。

在这里，重温一下联合国教科文组织《保护非物质文化遗产公约》的定义是必要的。非物质文化遗产（the Intangible Cultural Heritage），指的是被各群体、团体、有时为个人所视为其文化遗产的各种实践、表演、表现形式、知识体系和技能及其相关的工具、礼物、工艺品和文化场所。其主要内容有：①口头传统和表现形式，包括作为非物质文化遗产媒介的语言；

②表演艺术；③社会实践、仪式、节庆活动；④有关自然界和宇宙知识和实践；⑤传统手工艺；等等。概括说来，非物质文化遗产是指各种以非物质形态存在的与群众生活密切相关、世代相传的传统文化表现形式，包括口头传统、传统表演艺术、民俗活动和礼仪与节庆、有关自然界和宇宙的民间传统知识和实践、传统手工艺技能等，以及与之相关的文化空间。可以说联合国教科文组织振臂一呼，应者云集，随即波及欧美亚非各大洲及澳大利亚，一个全球性的非物质文化遗产保护运动渐次展开。

在这一背景下，中国政府、学者和民众三位一体，旗帜鲜明的非遗保护运动紧锣密鼓地拉开帷幕。截至2019年9月，我国已有40个项目列入联合国教科文组织非物质文化遗产名录，居于世界榜首。作为中国非遗保护工作的重要组成部分，陕西自是硕果累累。据《陕西省非物质文化遗产网》，截至当下，陕西省非物质文化遗产项目，国家级74项，省级604项，市级1415项，县级4150项。其中中国剪纸、西安鼓乐和中国皮影已入列联合国教科文组织人类非物质文化遗产代表作名录。我们适时编撰这一套丛书，就是要对陕西非物质文化遗产项目展开专属性的叙述。

当然了，本丛书将是一个开放性规模的丛书。它所叙述的主体将从陕西省数以千百计的非遗项目中逐步选取。它可以是国家级的、省市级的，也可以是联合国教科文组织审批的全人类级别的。第一套为9册，可单一项目成册，同类聚合也行。选题宜从作者把握的成熟度，亦为后续留有余地来考虑。

值得注意的是，这里的叙述并非只是地域性非遗项目常识性罗列，而是陕西形象全新向度的叙述。一提及陕西，众所周知，是周秦汉唐等13朝建都的风水宝地，是历代精英俯仰徘徊的文化空间。在这里，帝王将相叱咤风云的业绩一再纳入底气丰沛的文字叙述；在这里，历代文人墨客留下了雄视千古的经典宝卷，成为后世荡气回肠的吟诵篇章；而这套丛书中，则呈现出一个与之鼎足而立的民间世界。这个由非遗项目支撑起来的意蕴丰沛的民间世界，呈现的是全新的陕西形象。

倘若向远古追溯，原始社会中，人类的叙述模式大约是混沌一体的，无论是讲述部落的首领还是族群。而进入分工明晰的文明时代，大致可分为由上层社会所掌控的文字叙述与民间习得的口头叙述、图像叙述的两大类型。与国外学者的一般认知与命名相反，我国学者将文字叙述的传统视为小传统，而将原始社会以来的口头与图像叙述视为大传统。恰恰在这样的分界点上，非物质文化遗产项目从整体上带有口头叙述与图像叙述的特色。这自然是意味深长的。

　　毫无疑问，中国的非物质文化遗产项目，在世界性的非物质文化遗产保护格局中占有重要的位置；而陕西的非遗项目，在中国这一文化地图中占有醒目的篇幅。这里有百万年前蓝田人以敲打石器为工具的传统，这里有六千年前半坡人绘制鱼纹的图像叙述传统，这里有女娲补天、三皇五帝以来的民间口头叙述传统……而这一切，切切实实地与帝王将相文人雅士的文字叙述传统共同建构了中华民族厚重丰赡的古代文明。而在民间，因其可持续的生产与生活，因其信仰与娱乐，因其岁时年节，因其人生礼仪，等等，这种种图像叙述与口头叙述得以拓展与传承，活态地遗存在今天。这是源头活水，这是国宝一般的遗存啊。不少项目仿佛银杏一般，仿佛蕨类植物一般，经历毁灭无数的冰川纪而险存于今。因其珍稀而益觉珍贵了。

　　当然，看似截然不同甚至对峙的两种叙述方式，却并非纯然的平行线结构。千百年高岸为谷，深谷为陵，极端者，底层的草民可能揭竿而起逆袭而成为帝王将相，顶层的冠盖人物可能因失势一落到命运的底层；即便平时，底层者可能或科举或军功而扶摇直上，位高权重者可能因告老还乡等而回归到平民之中。命运与身份的交替互换，环境与氛围的感染，自然使得看似对峙的两种叙述方式互渗互动，在一定意义上彼此接纳并分享了对方。这就是我们在民间仍能听到带有宫廷意味的西安鼓乐，其节奏旋律，其阵容架势，其器乐服饰，其演出仪态，无不呈现从容淡定的贵族色彩；这就是我们在大字不识的村野老妇的剪纸作品中，不时发现从远古到近代文献文物可以彼此印证的东西；这就是在宫廷官署只能台口朝北以示身份低下的戏曲，而在市井村落仍有高台教化的氛围……这也就是孔子所言"礼失而求诸野"的历史背景，这也就是王阳明认知众人就是圣人的别样依据。如果更为宏观来看，就不难发现，在中国，由于官方掌控或思维惯性种种原因，文字叙述的传统更趋向于整合，趋向于统一，多样性得不到充分地发育，自由境界的表达会受到更多的压抑与悬置。而根植于民间社会的口头叙述与图像叙述，由于接地气，切实用，有意无意自觉不自觉地鼓励探索与践行，鼓励与时俱进的探索创新，以更为宽容的意态接纳着多样性，从而使得更为博大的群体中潜在的创造性智慧潜能得以自由发挥，而这一切，在历时性地推敲琢磨中，在共时性地呼应普及中，积淀在有意味的形式之中，成为非物质文化遗产丰富的库存。

基于这样的认知，我们的丛书聚焦于此，就是聚焦于这些活态的非遗项目与现实生活内在的深厚关联，聚焦于项目的活态性与文明原创性，聚焦于它在中华文明坐标系中醒目的位置，力图使读者从中获得一种认同感与历史感，获得文化多样性和激发人类的创造力的直觉认知。

譬如造纸术是中华民族对人类文明的伟大贡献之一。长安北张村造纸术、周至起良村造纸术至今仍活态存在，与出土最早的灞桥纸并生于西安地区，这种巧妙的组合最容易使我们回味原创文明的非凡价值与意味。

譬如瓷器是中华文明的标志之一。耀州窑曾是享誉天下的古代名窑之一。精湛的技艺、传承的故事以及与之内在融通的民俗，都值得我们敬畏与珍视。

茶是中华民族的伟大贡献，是人类的三大饮料之一。茶树的培养，茶叶的炮制，茶马古道的今古传通，茶人的酸甜苦辣，都是一出唱不完的戏，悟不透的经。

剪纸是以陕西为主体申报的联合国非遗项目。其中颇多联合国命名的民间美术工艺大师，颇多可与世界美术大师相提并论的经典作品，更有可歌可泣的艺术悲情与励志故事。

……

总之，无论黄帝、炎帝还是仓颉的神话传说，无论是古老的高台秦腔还是街市游演的社火等，既是技术，又是艺术，更是全面应对人生百态的智慧。因需解决生产生活难题而滋生，因需破解生存困境而建构，因需满足精神饥渴而生长，它带来愉悦与便捷，它带来生活新感觉与趣味，它带来精神富足与自由，非物质文化遗产是人类智慧与创造的珍贵记忆，是历史文脉的延续，是穿越时空的文明。我们会因之对陕西的民间世界刮目相看，就会惊叹，在这一方黄土高地上，在民间，竟会顺理成章地滋生如此茁壮的中华文明根系，竟会有着如此奇异厚重的创造，令人感佩不已。作为有意味形式的非物质文化遗产，绝非化石般缩居于殿堂橱窗，或弃置于被遗忘的角落；而是如山间泉溪，过去涌动而流淌，现在仍然在涌动在流淌；仿佛明月徘徊于古人窗前，也徘徊于今人的窗前。它绝非外在的自然，而是灵性的创造，有温度的手作，历代堆垛式的琢磨与建构，人与天地自然对话的结晶。它以不可思议的生命力，陪伴着古人也要陪伴今人，顽强地穿越时间和空间，而在当下生活中活态地存在！种种非遗项目，通地气，惠民生，或诉说，或制作，或描绘，或剪贴，总之是文字叙述之外，文义的口头叙述与图像叙述的寄寓之物。于是乎，它并非规定动作的机械挪动，而是充盈着生命活力的四肢张扬；并非命题制作的僵硬堆砌，而是自由意志的形式呈现；并非四海统一的专制律令，而是奇山异水的百花齐放；文化的多样性在这里得以充分而健康地绽放。而多样性原本就是自由的形式，就是对于桎梏生命样态的解构与放飞。

如是，或许就呈现出一个陕西形象的全新叙述。它是历史的，却不同于历史性叙述；它是活态的，却不只是瞬间即逝的摄取。历史层面的叙述仅是不思量自难忘的过去，是对业已消失的既往深情的回忆，是古今多少事都付笑谈中的言说，而它却是既贯穿远古而至今仍是目前的活态存在；它是特写的，却不等同于纯文学。文学层面的叙述为了情思的真善美而容许虚构，而它的观察从宏观到细微，从成果到过程，无论是图像记录还是文字表述，全然写真；它是纪实报道的，却不等同于新闻。新闻层面的揭示着意于最近情境的变动，而它所呈现的内容则有着相当长时间段落的积淀与绽放，甚至可以追溯到鸿蒙初辟的远古。

　　需要说明的是，丛书的关键词是非物质文化遗产，但并非是绝对意义上的纯然无形或非物质。非物质文化遗产是有物质载体的。它的第一载体就是人，传承人的文化行为、文化技艺、文化表演就是非物质文化遗产的典型形态。非物质文化遗产就是依托于人本身而存在，以声音、形象和技艺为表现手段，并以身口相传作为文化链而得以延续，是"活"的文化及其传统中最脆弱的部分。它是以人为本的活态文化遗产，活态流变是其发展模式。而第二载体呢，是物，就在我们身边，是耳熟能详，随处可见的。如戏曲中的文乐武乐，服饰道具；造纸技艺下的纸张，剪纸作品；制茶技艺下的茶叶；再如庙会这样的民俗文化也离不开剧场、广场等文化空间……皮之不存，毛将焉附？基于这样的考虑，我们将以一定的特写镜头聚焦这些非物质文化遗产传承人。在取与舍的斟酌中，舍弃百度式的知识组接，防止人物淹没在项目或技艺的过程叙述中，拒绝追根溯源的沉浸阻滞非物质文化遗产主体的活态现状，阻断将非遗项目与原生态生活剥离出来如钓鱼出水那样……意在知人论世，点线面结合，多层面多向度地呈现非物质文化遗产的原生态风貌，诉说代代相续千回百转的传承故事，解读其传承人有所担当的文化负重等。全面性，细节化，情感化！唯愿有所感悟的他者叙述和随笔式的灵性文字，拼成一桌文化大餐，呈现在亲爱的读者您的面前。

2020 年 2 月 22 日

自　序

古语说："皮之不存，毛将焉附？"在书籍风行的社会生活中，文字之于纸张，犹如毛对皮的依附，如果没有纸张，文字何存？再有一个比喻：道教的教义是性命双修，意思是说人的存在意义其实是性与命两种形式的互在。所谓性，是指人的内在的道，即心性、灵魂、精神；所谓命，是指人的外在的道，即肉体、生命、能量。纸张之于文字，相当于人的命对性的容纳，如果没有命作为躯壳，性也就无从谈起了。不难想见，如果没有书籍，文明社会成何体统？因而可以说，造纸是人类社会不断进步的基础条件之一，造纸术的出现是人类文明发展的里程碑。如果没有造纸术的发明，人类文明的脚步还会在"纸前"的狭窄小路上艰难踟蹰。

为什么要提"人类文明"？因为造纸术的发明源自中国的陕西，由陕西向全国各地辐射推行，后来又传到周边国家，朝鲜、日本、越南都采用了这种技术生产了当地纸张，形成自己的造纸产业。丝绸之路对造纸的外传起了重要作用，一波传一波，越传越远，遍地开花，结束了"纸前"小路的种种困厄，世界文明的发展得到了有力推动。

当今时代，冒出了一个新词语：电子媒体。在这个网络时代，电子书和各种电子传媒风靡于世了。纸质媒体的圈子日益萎缩，而且，工业造纸早已代替了传统手工造纸，这种古老的造纸工艺命悬一线了。将近2000年的皇皇传统造纸业和造纸术，即将油尽灯灭，徒留空名了。就在这样的时代大环境中，我们需要对传统造纸来一番回顾，来一番梳理，对于这个神州大地的独生女儿，应该给她重新梳妆，还她故有的靓丽姿色，让对她久违的世人在她面前伫立凝眸。

传统造纸业和造纸术不光是一种生产行业和手工技艺，而且具有非常特殊的文化内涵和研究价值。造纸术，从它的"受孕"到"分娩"，既有切切实实的可以条分缕析的缘由，也充满神秘莫测的奇幻色彩，值得我们去深入探究。在以往漫长的历史岁月，造纸术和造纸业也在不断地与时俱进。它承载着劳动者养家糊口的生活重任，也是劳动者心血智慧的结晶，是中华优秀传统文化的精华。那些纸匠们，一个人穷其一生，甚至穷其几代几十代人的生命，去做造纸这一件事情。他们传承的不仅是谋生的饭碗、操作的技能，更是一种神圣的信仰，匠人的操守与创造精神。

随着工业造纸的兴旺和科技技术的发展，传统古法造纸受到巨大的冲击。这种造纸工艺全部由手工完成，工艺操作过程复杂，尤其是捞纸技艺要求手法精湛，从原料采集加工到最后纸张的打理，需要付出较多的人力，需要投入很强的心智，往往举全家之力，耗多日之时，练毕生之技，传数辈之人，方能做得有模有样。但自工业纸诞生以后，手工纸用途有限，市场效益较差，难以致富，甚至连维持一家人的日常生活也勉为其难。多年以来，传统手工造纸业逐渐衰落，作坊大量减少，纸匠成了当地最不受欢迎的职业。

就在这时，国家出台了非物质文化遗产保护政策，传统手工造纸技艺列入国家非物质文化遗产名录，那些世代相传的能工巧匠成了享受优惠政策的传承人。作为一种纯手工工艺，传统造纸包含着难以言传的意义，蕴藏着农耕文明和传统文化最深刻的奥秘，保留着民族文化的原生状态。它依托于人的辛勤劳作而存在，以创造、产品和一整套技艺为表现手段，体现了原创文明的形态和意义，承载着生长于民间的工匠精神。

陕西，作为传统造纸术的诞生地，现今还有不少手工造纸作坊的遗存，有些偏于一隅，艰难地维持在人迹罕至的大山角落，濒临消失；有些依然保留着它的一线生机，但是缺乏兴盛的前景；有些在新的社会生活中呈现出相应的转型，在不失传统工艺的前提下走出顺应发展的路子。这本书，是我们对陕西境内列入非遗项目名录和重点传承人所做的调查摸底，通过对他们的观察分析，了解陕西传统造纸的前世今生，并对他们所代表的地区和各自的工序技艺特色做比较细致的记述，对目前的生存现状做出理性分析。这本书，原原本本地展示现状，既是一种鼓励与呼吁，以期引起社会各界的重视，也会使我们认识到抢救和保护传统手工造纸技术的紧迫性，也算是对非遗工作的一点贡献吧！

让我们从这里出发，走近现实生活中久违的手工纸，领略非物质文化遗产的魅力，体悟古人智慧，感受匠人精神……

2020 年 6 月 6 日

目　录

引　子
造纸，开天辟地的发明

　　轻轻的，薄薄的，就是这一张纸的出现，有力推动了人类向文明社会前进的巨轮。

周至起良造纸，成品纸中的楮树皮纤维很明显　张锋/摄

我国有文献记载的文明史长达三千多年，在各种各样的发明创造中，造纸术赫然在目，它是古代伟大的四大发明之首，是中国原创文明的代表性标志。2008 年，奥运会在北京举办，开幕式上表演的节目就有传统手工造纸重要环节的艺术展示。

轻轻的，薄薄的，就是这一张纸的出现，有力推动了人类向文明社会前进的巨轮。

"文献记载的文明史"，"文献记载"四字的重要性何其显然！据古老的传说，当初，轩辕黄帝的史官仓颉依据对"天地身物""鸟兽之迹"的感悟，创造了以象形为肇端和基础的文字，后来又经过无数先祖们的不断探索，修整、丰富、完善了我们至今仍然使用的汉字体系。但是，光有文字没有记录文字的材料，怎么能够"记载"？如何能成"文献"？

先祖们的文字"记载"所用的材料，经历了漫长的"更换"时期，先后采用了不少厚重、珍贵的东西，如甲骨、金石、缣帛、竹简、木牍。直到发明了轻轻的薄薄的纸，才终于找到了理想的材料。

这里需要弄清一个概念：什么叫纸？或者说，纸是什么？

东汉时期的经学家、文字学家许慎在《说文解字》中这样解释"纸"字："纸，絮——苫也。从糸，氏声。"就是说此字会意从"糸"，发声从"氏"，氏与氏通，读作"只"。苫又表示席子，即用苇篾、秫秸皮等编成的遮盖东西用的席，许慎认为纸是在席子上形成的一片絮。"絮"，用现在的话说就是纤维，而"苫"是使纤维聚集成形的一种模具。这个定义，把纸的原料及造纸的主要工具、模具都包括进去了。絮字本义指丝纤维，但有时亦指植物纤维。而构成纸的植物纤维从肉眼看确像白细的丝絮。古人造字时，"纸"字从糸旁，并不意味早期纸均由丝絮制成。从考古发掘的实物来看，最早的纸均以植物纤维为原料，不是由丝絮制成，可见《说文解字》对于纸的定义中的"絮"，今天应理解为植物纤维，主要是麻絮，虽然"纸"字有糸的字根。为明确表示"纸"字含义，公元 3 世纪时创用"帋"字，曾用到 10 世纪，但后来又都用起"纸"字了。

纸张和先前漫长时期的甲骨、金石、缣帛、竹简、木牍等物体比较起来，优越性非常明显，大体可以总结为以下几点：

第一，表面平整柔滑，颜色匀净，受墨容易，幅面较大，容纳的文字较多。

第二，体质轻盈，柔软耐折，可任意折叠，随意舒卷，方便携带；可用各种笔墨书写、作画，适于世界各国和各民族广泛使用。

第三，寿命长久，在良好条件下可保存千年而犹如新作，而且最大优点是造价低廉，原料随处都有，可在世界任何角落制造。

第四，用途广泛，既可作书写绘画的材料，也可以用来印刷、剪贴、包装、祭祀、引火，各种纸制品在工业、农业、军事及日常生活、文化艺术中蕴藏着无法说尽的用途。

还需要说明的是，从制作原理来看，传统意义的纸，必须是植物纤维原料经人工或者机械与化学作用制成纯度较大的分散纤维，与水配成浆液，经漏水模具滤水，使纤维在模具上交织成湿膜，再经过干燥脱水，形成有一定强度的纤维交结成的平滑薄片，这才完成了造纸的工序。

纸啊纸，宛若飘落人间的仙女，迅速地入乡随俗，婀娜多姿，融入社会生活的各个角落。并且，因为有了"她"的美妙"体肤"，才诞生了另一个伟大发明——印刷术，也才衍生了以纸为载体的书法、绘画、剪纸等艺术门类。

纸啊纸，"她"已经脱离了物体的躯壳，化作了重要的文化元素，渗透在世人精神生活的血脉中，浸润着人们的心灵世界。看看那些从古至今流传的成语：白纸黑字、纸上谈兵、命薄如纸、剪纸招魂、落纸云烟、挥毫落纸、落纸如飞、纸糊老虎、力透纸背、纸上空谈、笔困纸穷、钻故纸堆、断幅残纸、断纸余墨、纸醉金迷、染翰操纸、纸短情长、洛阳纸贵、重纸累札、纸笔喉舌、一纸空文……

纸啊纸，一言难尽的纸……

第一章
陕西，造纸术诞生的故乡

　　西安市长安区兴隆乡北张村是有名的造纸村，该村的省级非遗造纸传承人马松胜说，老先人留下的话，造纸这活儿从汉武帝时期就有了，那时候是"一帘一纸"，到了东汉，有了蔡伦后人的传艺，才变成"一帘多纸"。

1904 年，汉中民间造纸作坊。纸工正在用加压的办法把刚抄出来的纸挤出水分
意大利人南怀谦/摄

古代记事材料

不难想象，伴随着文字的产生，人类的阅读才有了可能，而文本的变革，必然对阅读产生重要的影响。可以说，载体形态的变化，是一个时代阅读转型的诱因，并引领了阅读转型的方向和特征。孙顺华在《中国文字载体的演变及其规律》一文中指出：文字载体的演变大致可分为三个阶段：纸发明以前为"纸前时代"，纸发明以后为"纸的时代"，电子媒介出现以后为"后纸时代"。

现在，我们要谈谈纸前时代的各种记事材料。

3500 年前的商代，人们已开始使用"甲骨"为记事材料。甲即乌龟壳；骨即牛羊的肩胛骨。古人祭祖、征伐、打猎、收种、患病，常常占卜，占卜后的卜辞镌刻、书写在龟甲或者兽骨上，这就是甲骨文，甲骨就是最早的记事材料。

在这个时期，还出现了"金文"。早在夏代，就已进入青铜时代，铜的冶炼和铜器的制造技术十分发达，便也成了刻字的材料。因为周朝把铜也叫金，所以铜器上的铭文就叫作"金文"或"吉金文字"；又因为这类铜器以钟鼎上的字数最多，所以过去又叫作"钟鼎文"。金文应用的年代，上自商代末期，下至秦灭六国，约 800 多年。

古人还用石头刻字。先秦时期，有人将文字刻在外形似鼓的石头上，称为"石鼓文"。

大约在战国时期，简、牍用来记事。简有竹简、木简之分；牍有竹牍、木牍之别。竹简的做法是先把竹子截断，用刀剖开，架在火上烤干，防霉变、虫蛀，这道工序叫作"杀青"或"汗青"。汉语词汇中的杀青与汗青就是这样来的。我国南方多竹，故南方多使用竹简、竹牍；北方多杨柳，故北方以杨柳为材质制作木简、木牍。竹简、木简形状狭长，同宽，它的长短在各个时期有不同变化。

古时书信来往多用木牍，大约长一尺，书信在木牍上写成后，外加"封泥"，古人称之为"尺牍"，后来也用尺牍作为信件的代称。木牍叮画图、制表格。古代的地图通常画在木板上，也有绘在帛上的。

随着记事材料的变化，记事方法也由用刀、针在甲骨上刻字，发展为用笔在简牍上书写文字。

那时候，一枚简只能写一行或两行字，有的可写十来个字，最少的写几个字。一篇文章要用许多竹简或木简，用牛皮条或麻绳把一篇文章的竹简或木简按顺序编串起来，这就是"策"字、"册"字的来源。

古人是怎么求学、教学的呢？让我们联想一下，无论求学还是教学的人出门，一定会背一个大口袋，口袋内装满竹片或木片，另备一个装笔墨的袋子，或提在手上或挂在腰带上，腰带上还必须佩带一把小刀用来修简，字写错了，用小刀刮去错字重写。

《尚书·多士》记载："惟殷先人，有册有典"。册、典即竹简，商早期开始使用，春秋战国时期最为流行。

"缣帛"是蚕丝制成的丝织品，一开始用来裁剪衣服，后来，富贵的人家拿"缣帛"写字绘画，发现"缣帛"作书写材料要比竹片方便许多。于是，这种材料就被许多人用来书写了。这样，就出现了帛书。帛书有两种形式：一种是整幅折叠成长方形；一种是半幅卷在竹、木条上，置放在漆盒里，仿简册用朱砂或墨画好"界格"，然后书写，没有完全脱离简册的书写习惯和书写形式。

此外，古人还用玉石片作书写材料，譬如 1965 年冬，在山西发现 5000余件圭形玉石片上写成的《侯马盟书》。

《汉书·刑法志》记载：秦始皇"躬操文墨，昼断狱，夜理书，自程决事，日县石之一"。就是说，秦始皇每天要批阅用简牍书写的公文，其重量大约有一石（担）之多。秦代一石，就是一百二十斤。可见当时使用简牍是多么的不方便。

到了西汉，书写与阅读进入了一个新的时代。正如前面引言所说，历

《天工开物》造纸图像资料　造纸工艺流程——煮楻足火

《天工开物》造纸图像资料　造纸工艺流程——踏碓、舂捣

《天工开物》造纸图像资料　造纸工艺流程——荡料入帘

《天工开物》造纸图像资料　造纸工艺流程——覆帘压纸

《天工开物》造纸图像资料　造纸工艺流程——透火焙干

史已为新型书写材料——纸，准备好了客观条件，万事俱备，只欠"漂絮法"灵感的东风了。

造纸术发明的灵感

我国是世界上养蚕最早的国家，夏商时期已经能植桑养蚕，并能够缫丝织绢了。古蚕丝分为两种：一是桑蚕，一是柞蚕。柞蚕因放养，蚕茧较硬，胶着力强，不易加工。人工饲养的桑蚕，蚕茧柔软，当时人们多以桑蚕缫丝。缫丝多用良茧，病茧、恶茧及次等茧则用作丝绵。缫丝，就是将良茧放置沸水中泡散，再抽丝。作丝绵则先将茧用水煮沸，脱胶，剥开茧，洗净，置于浸没水中的篾席上，用棒捶打，至蚕衣捣碎，散开的蚕丝连成一片，丝绵方能取出。此为漂絮法。

《庄子·逍遥游》中说："宋人有善为不龟手之药者，世世以洴澼絖为事"，其中"洴"，即"浮"；"澼"即"漂"；"絖"即"絮"。由此可见，漂絮法在战国时就有人使用了。

从《汉书·贡禹传》记载"作工各数千人，一岁费数钜万"看，当时作坊规模之大，可以想见丝织业在西汉时的社会经济中有着举足轻重的地位。

发达的丝织业为造纸法的发明埋下了伏笔。

漂絮法原是用于制作丝绵的。工匠们每次漂絮完毕，篾席上总有一些残絮的遗留，多次漂絮，将篾席晾干，篾席上就附着一层残絮交织而成的连绵的"薄片"，将这些"薄片"揭剥下来，可用于书写。

有这样一个宫廷故事与这些"薄片"相关：西汉末年，赵飞燕姐妹二人都被召入宫，得到了汉成帝的宠幸，一个当了皇后，一个当了昭仪。宫中有个女官叫曹伟能，生了一个皇子，赵昭仪知道了，就派人扔掉孩子，把曹伟能监禁起来，给她一个绿色的小匣子，里面是用"赫蹄"包着的两颗毒药，"赫蹄"上还写着："告伟能，努力饮此药……"就这样，曹伟能被逼着服毒死了。这张包着药还写上字的"赫蹄"，究竟是什么东西呢？二世纪末叶，东汉学者应劭（汝南南顿人。献帝时，任泰山太守，他编集所闻，著《汉官仪》十卷，凡朝廷制度，百官典制，多为他所订立）解释说，"赫蹄"是一种用丝绵做成的薄纸，也叫丝絮纸。

从这个故事不难看出，那个时期，加工制作丝绵所残留在席子上的"薄片"不仅可以用作书写，还被广泛使用，并有了带"纸"的名称，有了专门生产的必要。

在这个基础上，出现了麻纸。《诗经·王风》记载："丘中有麻"。中国是人类最早种植、最早利用麻类植物的国家。古人很早就用麻捻线、搓绳、织布、织渔网。新麻含有胶质，必须"脱胶"，"脱胶"的工序谓之"沤麻"。也就是把麻浸泡在水里，在微生物，或石灰、草木灰作用下，使麻的胶质溶解，然后制成麻缕备用。

古代的麻主要有苎麻、大麻两种。苎麻，又名中国草，种植在长江流域。苎麻强韧，纤维特长，古人用来织布做衣。大麻，俗称"火麻"，又名汉麻，种植在黄河流域。大麻纤维粗糙，古人用之作绳、线，也作衣、鞋。

造纸所用的纤维，要求具备两个特点：一是不采取激烈方式处理，即可分离单根纤维；二是纤维不宜过长，过长则纤维纠缠难以交织薄页。为了让纤维达到适当的长度，只有把原料切成几毫米的段节。

还有一种说法：植物纤维造纸来自大自然的启发。山洪暴发、河水暴涨之后，朽化植物的皮叶、苔藓，经水泡、风化后离解成纤维状，被水携带而下，汇集至河岸边的石头上、草丛上，水落之后，这些熟化的纤维彼此交聚，晒干后，变成一层黏结的薄片。这个形状，如电光石火，刹那间，照亮人们的眼睛。大自然送来的灵感，让人们产生了水中制浆的想法。本来已经有了漂絮法的经验，以及沤麻实践中处理麻缕的心得，让不同工种的生产操作方法联手，植物原料下水后，纤维分散、打浆，再经抄纸、晒纸、揭纸，植物纤维造纸终于诞生了。

由此可见，植物纤维纸的诞生，是以蚕桑生产和麻业生产为前提条件，以丝绵"漂絮法"、麻加工和大自然现象为灵感，才有了造纸术的发明。

中国的造纸发明在全世界是最早的

从以上的文字中可以看出，纸的发明是在西汉时期。随着近现代以来不断地考古发掘，古纸面世以后，这个结论才得到证实。1957 年，在陕西省西安市郊区灞桥发掘了一座西汉时期的墓葬，出人意料地发现了一叠古纸片。专家们借助显微镜观察，发现它们的纤维实际长度只有 1—2 厘米，证明被反复切碎过，因为麻线的完整纤维应长 15—25 厘米，纤维的排列也紊乱无序，显示出了一定程度的纤维性特征，表明事先经过舂捣、打浆及抄造工序。肯定这些纸是"植物纤维纸"，"至少是不晚于西汉武帝刘彻时代的故物"。1986 年，甘肃考古工作者在天水市郊放马滩又发现了古纸，考古报告说："五号汉墓出土的残纸片，是目前所知最早的纸张实物，它有力地说明了我国在西汉时期就已经发明了可以用来绘写的纸。"

这些考古发现，表明中国的造纸发明在全世界是最早的，说明中国是世界造纸术的发祥地，而且还拥有世界上最早的植物纤维纸标本。

如何解释纸的发明呢？应该说，是众多的劳动者在长期的生活与生产活动中，一点一点地试验，一步一步地探索，一年一年地劳作，最终成功发明了造纸术。1954 年，化学史学者袁翰青说："古代的发明创造是劳动人民在生产实践中所得到的，往往无法归功于哪一个个人。发明了以后，经过一个时间得到一些人的总结，当然可以在技术上更提高。造纸术的发明也不会例外。"

西汉，是中国历史上秦之后的大一统王朝。刘邦称帝，以"汉"为国号，定都长安。西汉建立初期推行的是老子的"清静无为"方略，让老百姓休养生息。自刘邦开始，历经几代统治者，六七十年间，取得"海内殷富，国力充实"的成就。班固曾言："汉兴，扫除烦苛，与民休息。至于孝文，加之以恭俭。孝景遵业。五六十载之间，至于移风易俗，黎民醇厚。"这个时期，不但农业兴旺，手工业的规模和技艺也超过了以往，文化事业蓬勃兴起，朝廷办了大学和郡学，不少经学家还要对古代经典著作进行注释，行文时动辄万言，这些都需要大量的书写材料。但是各地广泛流行的书写材料还是沿用战国时期的竹简丝帛，这是非常麻烦的事情。假如一个大臣给汉武帝上书，一个比较长的奏章大概需要写3000枚竹片，那么，汉武帝要阅读这些材料，不难想象要耗费多少时间了。

世间的任何发明都是逼出来的。环境、条件、机遇，碰撞在一起，只要人朝一个目标努力，而且，是那么多人朝一个目标齐心协力地奋斗，总会有突破的时候。何况，漫长"纸前"时期，尤其是蚕丝加工技法"漂絮法"带来的启迪，"丝纸"已经出现，在此基础上进一步改造完善，沤麻与漂絮相结合，造出了新品种——麻纸。

西汉时期纸的出现和制作，都离不开官府的手工作坊，由于纸的昂贵，须由朝廷的臣子监造，这就决定了地点的所在。专家得出的结论是："从目前所发现的古纸看，是西汉初期在国都长安畿内地（时称三辅，今陕西关中）

老邮票上印刷的造纸流程

发明的。"（杨东晨、杨建国《纸的发明和工艺改进》）

西安市长安区兴隆乡北张村是有名的造纸村，该村的省级非遗造纸传承人马松胜曾表示：老先人留下的话，造纸这活儿从汉武帝时期就有了，那时候是"一帘一纸"，到了东汉，有了蔡伦后人的传艺，才变成"一帘多纸"。可见，关于造纸的年代，民间的说法和专家的论断是一致的。

蓬勃兴盛的陕西造纸业

1978年，在陕西省扶风县，人们在生产劳动中无意发现了掩埋的西汉窖藏，从中又发现了一些保存较好的麻纸。从1933年到1990年，先后在陕西、新疆、甘肃等地九次出土了西汉麻纸。这就说明，当时纸张已经得到了广泛应用。

西汉时期出现了经济的空前繁荣，市场也空前发达，司马迁在《史记·货殖列传》中写道："汉兴，海内为一，开关梁，弛山泽之禁，是以富商大贾周流天下，交易之物莫不通，得其所欲。"而在国都长安，其繁华昌盛自不必说。据史料记载，当时的长安，市场比较集中，以方位排列布局，共为"九市"，各种商品、农副产品、手工业产品和生活日用品应有尽有。

时光如流水，到了东汉，造纸术有了重大改进，居功至伟的人物就是蔡伦。他是一个卓越的改良家，让造纸术的发展来了一个空前的飞跃。现今，尽管将纸的发现时间提早到西汉时期，他的功业依然不失其卓越。关于这一点，后面还要详细谈及。

作为西汉时期国都所在地，陕西有得天独厚的优越条件。而且，要造纸，不但离不开富足的经济条件，还离不开充裕的水和丰茂的植物，而长安周围的关中，自古就是一马平川的富庶之地，水利条件优越，河流纵横，种植业、养殖业历史悠久，秦岭山地既有丰沛的水资源，还以林木葱茏举世闻名，为麻纸和以后的各种纸的生产提供了便利条件。东汉时，蔡伦在洋县的龙亭镇和大龙河一带做造纸试验，那里渐渐成为造纸专业化地域，带动了各地的造纸业发展。

　　据我们实地考察，现今的传统手工纸生产地长安区北张村与周至县起良村，不仅在历史上是有名的富庶之乡，而且现在依然生产传统手工纸。历史上，西安市长安区与国都长安土地相连，近在咫尺，周至县属于京畿之地，汉武帝狩猎之地上林苑就包括周至的秦岭北麓地带。长安的北张村、周至的起良村，历史上都是闻名遐迩的造纸专业村，出现过"家家户户皆造纸"的景象。这里留下来的谚语、俗语和传说故事，都和造纸术的发明有关。在陕南镇巴县，近年间发现了大巴山深处 2000 多年的青檀树"树王"，

1904 年，陕西汉中乡村造纸，把禾秸、竹条浸泡于巨大圆桶内
意大利人南怀谦/摄

按照流传的说法，它是中国最早采用的造纸原材料。

得其时，占地利，加之劳动人民本能的活力与创造力，陕西自西汉后，传统手工造纸业越来越发达。关中、陕南和陕北，几乎每个县都有程度不同的造纸业，许多地方不断发现古代造纸作坊遗迹。《周至县志》记载："造纸业历史悠久，在明清和民国时期生产麻纸。"说来也奇，单是遗留的地名"纸坊沟""纸坊街"，就在洋县、平利县、商南县、留坝县、略阳县、安塞区、绥德县、延安市蟠龙区、宝鸡市区、千阳县等地方依然存在。可见，那里的造纸业曾经盛极一时。

由于这种生产方式是纯粹手工的，环节多、过程复杂、技术性强，在现代工业造纸的冲击下，市场效应大为减少，利润很低。截至2008年，陕

纸坊隧道　朱春雨/摄

西生产传统手工纸的地方，只有长安、周至、洋县、镇巴、旬阳、平利、柞水等区县。而且，这些地方，也仅仅只有个别企业、少数个人在制作生产。纸种有毛边纸、皮纸、火纸、麻纸、蔡侯纸、宣纸等。

从 2007 年开始，传统造纸工艺被列入国家非物质文化遗产保护项目。国家级的传承人有长安区北张村张逢学，省级传承人有：长安区北张村马松胜、周至县起良村刘晓东、镇巴县秦宝宣纸有限责任公司经理胡明富、洋县槐树关镇阳河村董存祥。另外，还有一些市级、县级的传承人。

这些传承人是当地这个领域少有的生产者和技艺精英。2002 年，张逢学作为特邀嘉宾参加了美国史密森尼学会民俗生活与文化遗产中心举办的民俗生活艺术节，有近十万名参观者观看了他抄纸、揭纸的表演。2008 年奥运会在北京举办期间，他被邀请进京，在"陕西祥云小屋"进行了造纸技艺展示。随着国家对非遗保护的重视，张逢学、马松胜、刘晓东、胡明富等人在业绩、技艺和知名度方面大幅度提升。马松胜是一位技艺全面的老纸工，堪称造纸的能工巧匠，近些年常常为媒体记者和参观者做现场表演。刘晓东创建了蔡侯纸博物馆，带领他的作业组生产蔡侯纸，这里成为不少学校的研学基地，也成为旅游热点。胡明富具有大文化意识，创建多家公司，把造纸和种植业联系在一起。他搞了几项造纸工艺创新发明，获得了国家发明专利，担任汉中市传统手工工艺协会会长、镇巴县民间文艺协会主席。胡明富筹建的纸文化博物馆，成为镇巴县一张文化名片。

造纸趣话

纸的神奇密码

1957 年 5 月 8 日，在西安东郊，灞桥砖瓦厂在取土时，发现了一座不晚于西汉武帝时代的土室墓葬，墓中一枚青铜镜上，垫衬着麻类纤维纸的残片，考古工作者细心地把粘附在铜镜上的纸剔下来，大大小小共 80 多片，

镇巴楮河两岸曾经生长着茂密的楮树　赵亚梅/摄

其中最大的一片长宽各约 10 厘米，专家们给它定名"灞桥纸"，现陈列在陕西历史博物馆。据专家介绍，这是迄今所见世界上最早的纸片，它说明我国古代四大发明之一的造纸术，至少可以上溯到公元前一、二世纪。这一发现，在世界文化史上具有重大意义。

薄薄的纸的出现，触发了对书写和阅读的全面挑战，打破了少数人对书写的垄断。最初的书写者属于少数掌控文字的人，他们会在昂贵的丝帛上写字。自从低廉的纸张出现后，书写就不再是他们独享的权利，任何故事都可能被人在纸张上记录下来。纸张与书写的关系如同男女之间的关系，二者的结合是天经地义的事情。人们在纸上书写，人们面对纸来阅读，人和纸之间的联系总是多情而有兴味。纸张保守秘密，纸张揭发秘密。纸张喧嚣，纸张沉默。当书籍被焚毁之时，"烟结不散，瞑若阴霾"，这不是凡俗的烟尘，这是纸张的魔化。

至今，在陕西和全国不少地方，还有使用蒙面纸、冥纸的习俗：人死后，在尸体的脚下放丧盆（有的放在头部前面），不时焚化纸锭。以为死者到阴间去要花钱，将纸箔化成灰即为死者送钱，为使纸钱不被外鬼抢去，必须在瓦制丧盆中烧化。

蒙面之俗始于春秋时期。以帛、巾、白布、纸蒙死人面，其意一是让死者安息；二是生人不忍看死者之面；三是一些死者面容恐怖，生人不敢看，故以物蒙面。现在一般都在浴尸、易衣、徙铺后，即给死者脸上蒙上一尺见方的冥纸，民间俗称水纸，即草纸。一张纸隔开了阴阳两界，人间的钞票也是纸做的，因而可以说，人，活着死了都离不开纸。

楮皮纸，先生之纸

陕西造纸的大部分原料是楮树（陕西民间称构树）皮，造出的是楮纸，因而有必要说说这方面的趣事儿。

相信"先生"这个词语大家并不陌生，但由人及物、因缘造化而转借、特指楮纸，中间也经历了太多的故事。宋代袁说友《笺纸谱》介绍说，蜀郡产纸四种：假山南、假荣、冉村、竹丝，皆为楮皮所造，单听蜀人给楮纸起的这些让人浮想联翩的名字，我们今人也许会感到"醉了"。楮皮纸纤维细长，便于二次加工，所以楮纸就有"败楮遗墨人争宝，广都市上有余荣"的盛誉。唐时，楮皮纸流行。文人墨客把纸称为"楮先生"。《绍兴府志》云："越中昔日造纸甚多。"唐韩愈《毛颖传》称纸曰"会稽楮先生"。楮先生是纸的代名词，在唐朝便已成为汉语典故之一。古代中国文人雅士的诙谐幽默不禁让我们会心一笑。当然，楮先生的来历，在蔡伦的封地龙亭也有民间故事版本，这个楮先生的故事我们还会放在蔡伦博物馆去说。

在镇巴县的大山之中，有一条河，名叫"楮河"，河两岸尽是楮树。这里造纸特别方便，水磨房一样的造纸作坊，水打轮子带动砸捣树皮的木槌，房内是抄纸的水槽，附近是浸泡原料的水池，漫山遍野的楮树可供采用，就连"纸药"猕猴桃枝条也在附近能采集到。因而，在河边，从事造纸的山民很多。这里到处可见零星的古代造纸遗迹，如今，还有几处造火纸的小作坊。来到这里一看，你会想到"天造地设"这个词语。原来，造纸，其实就是上苍委派给人类进行文明教化的"先生"，你也才明白古人把纸称为"楮先生"的缘由了。

字纸不分与"白水四圣"

陕西省白水县流传这样一个故事：蔡伦发明造纸术以后，认为字纸不可分，他仰慕仓颉造字，便首先来到仓颉的故乡白水，在用水方便的槐沟河，建起民间第一座造纸作坊，招收学徒，传授造纸技艺。至今，蔡伦在槐沟河造纸的传说流传甚广。明代陕西参政邓山早年有诗《白水怀古》："烟郭东西枕水浔，名山远近带平林。颉书制后功何远，伦纸传来泽已深。"白水人民为纪念蔡伦在此造纸的功绩，就把蔡伦同造字的仓颉、造酒的杜康、造碗的雷祥三位白水籍伟大发明者一道，尊奉为"白水四圣"。

书画家与纸匠的互动

造纸业和造纸术的发展和各个时代的书画家的要求有密切关系。东汉蔡伦全面发展和革新的造纸术开始用于书契，这段时期基本上是帛与纸兼用。东汉末（公元 185 年左右），书法家左伯发展了"蔡侯纸"而创出了被人称为"妍妙辉光"的"左伯纸"，多为书法家采用，使书法家用纸书情达意获得新的推进。魏晋南北朝时期，纸张的运用更为自觉，纸的用量逐渐超过帛简。晋代，纸已成为书法家主要的书写材料，书法大家钟繇、王羲之等大多用蚕茧纸，自由书写高迈精神，获得飘逸跌宕的艺术精品。蚕茧纸的特征为写字后墨透纸背，光滑爽利。魏晋南北朝的纸多为麻料制成，如晋代陆机《平复帖》就为麻纸所书。唐五代进一步扩大书法用纸的品种，澄心堂纸代表了唐五代书画纸的高水平，为南唐李后主所使用之名纸，平滑紧密，吸墨较弱，有"滑如春冰密如茧"之称。宋元时期已经有了砑花纸和粉笺纸。北宋李建中《同年帖》，纸有中等帘纹，本幅后边有一条砑花纸；元代的纸与宋代差别不大，造纸方法已趋成熟，诸纸皆备。明初宣德皇帝朱瞻基的书画，所用之纸被称为宣德笺，这种纸光滑洁白，细润耐用。明初有大片洒金纸，明代中后期发展起来小金片和金星纸，明代后期、清代初期又发展为泥金笺。明代高丽镜面笺纸大量运用，文徵明的《行书诗卷》质地为高丽镜面笺纸，明代后期董其昌喜用这种纸，纸光滑细润，得心应手。到了清代，书画市场得到很大发展，民间职业画家的数量增加，在商业比较发达的地区有许多职业画家，因而对纸张的需求更高，品种也是五花八门。

在当今，书画家专用纸非常流行，不光是为了防止假冒伪劣，还有品质的特殊要求，吸水、洇墨、柔韧等性能的要求不一，各有所好。陕西省镇巴县胡氏宣纸文化传播有限公司经理、省级非遗造纸传承人胡明富，就能根据各位书画家的个人要求制作宣纸，他甚至从书画家的现场挥毫运笔表现，就可以判断其对宣纸吸水、洇墨程度的要求。周至县起良村的刘晓东也能根据书画家的要求，造出相应的纸张。

正是书画家和纸匠高手的不断互动，造纸的发展也与时俱进。加之，东西方交流的增加和畅通，纸张的制造不但在中国达到鼎盛和空前普及，而且传播到世界各地，书画艺术与纸张的互动和世界性传播，同样取得了令人瞩目的巨大成就。

敬惜字纸

明清时期，西安寺庙庵观的所有院子都设有铁炉，捡到的字纸都放进炉子，每日还派出当值的和尚道人，持钉竿，挑竹筐，走街串巷收捡字纸，携回投炉焚化。

迄今，在陕西省渭南市韩城党家村，惜字塔留存不少，单惜字塔建筑与名称就有很多样式：惜字楼、字库塔、文峰塔、圣迹亭、文风塔、焚字楼、焚字库等。自党姓始祖恕轩公开始，各个巷口都有大大小小的惜字楼。党家村东哨门、西哨门、关帝庙、泌阳堡上二门祠堂各建惜字楼一座。"敬字惜纸"这种风习，从"惜字楼"得以彰显，村民对知识的敬畏，对文化的崇尚由此可见一斑。

古人有"敬惜字纸"的传统，他们认为字是有灵性的东西。仓颉造字的时候，"天雨粟，鬼夜哭"，用白话说就是惊天地泣鬼神了。自从有了文字，人类文化的保存和繁衍就有了保障，所以，但凡有字的纸，你都不能玷污它。民间广泛流传着许多告诫人们敬惜字纸、敬重文字的天条圣律，如《惜字律》《惜字新编》《惜字征验录》《文昌帝君惜字律》《文昌惜字功过律》等。而且，从儒佛经典到笔记小说，均有大量关于敬惜字纸、敬重文字的训诫及传说。

现代著名作家老舍在长篇小说《四世同堂》中写了一位钱默吟先生，他"穿着一件旧棉道袍，短撅撅的只达到膝部。手中，他提着一个大粗布口袋，上面写着很大很黑的'敬惜字纸'"。

"头顶三尺有伦神"

蔡伦在造纸行业有崇高的威望，纸匠们尊他为"纸圣"、祖师爷，被奉为神灵。汉安帝刘祜元初元年（114）以蔡伦供职宫廷年久有功，授封"龙亭侯"，封地为洋县的龙亭镇。洋县有蔡伦墓、蔡伦祠，龙亭镇周围也是历代造"蔡侯纸"作坊最多的地方，当地盛传神灵蔡伦为民众传授造纸的故事。陕西的洋县、长安、周至、白水等地，流传着蔡伦或者他的后人、亲属为民众教授造纸技艺的故事。蔡伦是洋县的历史文化标志性人物，县城建有蔡伦广场，蔡伦墓祠成为汉中旅游热点。与此相关联，长安区的北张村，周至县的起良村，都因蔡伦的亲属从秦岭山路向北而来，在这里传授造纸工艺，推进了造纸行业和造纸技艺的发展。历朝历代，北张村每家造

韩城市党家村惜字炉
赵利军/摄

洋县蔡伦祠堂内供奉的蔡伦像　石宝琇/摄

纸作坊的墙壁上都供奉着蔡伦神像，村外还有一座蔡伦庙，供奉着"纸圣蔡伦祖师"牌位，接受纸工和村民的顶礼膜拜。村里每年农历大年三十还要举行盛大的蔡神庙会，吼秦腔、办集市，男女老少逛热闹。起良村省级非遗造纸传承人刘晓东创办了蔡伦纸博物馆，他编写了一首唱词："纸匠本是手艺人，头顶三尺有伦神，推簾荡水出好纸，家家作坊起祥云。"

寻找青檀树王

在镇巴，有许多青檀树分布在县城四周的沟岔坡岭，青檀树皮可以制作宣纸。当地有一个造纸世家，祖祖辈辈都是纸匠，造的最好的纸是用楮树皮造的制伞用的油伞纸（专供汉中市伞铺街伞匠用）、作账册的金山纸。胡明富是第六代传人，中华人民共和国成立后，镇巴县皮纸厂第一任厂长就是他的父亲胡庆章。中华人民共和国成立前，胡氏家族就在大巴山地传承着古老的造纸工艺，所带徒弟分布于镇巴各个角落。胡明富创建了镇巴县秦宝宣纸有限责任公司，成为陕西省唯一的古法造纸企业。他担任董事长兼总经理后，夜间做梦，父亲总是叮咛他寻找那棵青檀树王。过去，父亲说过这事，关于青檀树王的传说早就流传于民间，说这个古老的树王已经化为神灵，在高高的云端俯视人间，保佑大山皱褶中一个个辛劳的纸匠。胡明富便对这件事上了心，他四处打探，尤其是向边远地方的人发出寻找青檀树王的要求。有一天，一个放羊的山民带话说在县城西北方向大约 100 公里的山坡上有一棵神树，成群的飞鸟在它的上空飞旋，夜间能发出说话的声音，还说它的皮造出的纸作了天书。胡明富在那个方向不断奔波，辛苦跋涉，寻找了三年，终于在山民的帮助下，在一个人迹罕至的山坡上发现了这棵古树。它的多主体的干茎非常硕大，扩展的枝条以及整个树冠，散发着神秘的沧桑气息。它的内膛的树枝上挂着几条红色布带，当地人用"搭红"的习俗来表示对"神树"的顶礼膜拜。胡明富请有关专家对这棵树做了实地考察，分析认为它的寿命在 2000 年以上。县上采取了保护古树的措施，纸匠们用红帐篷合围了树干，并举行了传统的祭拜仪式，焚香燃蜡，香火袅袅，跪地叩首，高声祈愿。如今，一年一度朝拜"青檀树王"成为纸匠们的节日，这棵树也已经成为镇巴一景。

钟情于纸的作家贾平凹

贾平凹是当代著名作家，担任中国作家协会副主席，陕西省作家协会主席。他像古人一样敬惜字纸，在《老西安》一文中说："文字乃圣人创造，人人皆当敬惜。文人渎污字纸，文曲星降罪，则进学无门，考试不第；常人渎污字纸，则瞽目变愚，捡拾者，功德无量，增福添寿。"他的书法所用宣纸是专门定做的，纸张背面隐蔽着"贾平凹专用纸"的文字记号。他对陕南一带制造火纸的生活非常熟悉，1986 年写的短篇小说《火纸》，以生动的语言描写了火纸的制造环境和工艺过程，对火纸制作有独到的透彻理解："火纸坊是在三间石板房的基础上改作的，麻子会做纸浆，捞纸匠请的是丑丑的大舅，一个嘴只吃饭不能说话的老头。丑丑的工作就是在门前土场上挖下三个大坑，将收来的竹捆压一层，铺一层石灰，再用稻草盖了，以水灌了，铲土埋了，两月三月之后竹捆腐烂，掘开摊晒，就一天到黑坐在那个一搂粗的方形木碓下经营砸绒了。水轮转动的时候，砸竹坊里似乎什么也不复在，咯吱，咯吱，咚咣，咚咣，丑丑先是一声响动心肠就扭翻一下，后来耳朵就听不见这响动，她听到的只是胸口里的一颗心在跳，手腕子的脉搏在跳。她常常想：世上事真怪，火纸是火，青竹是水，水竟能成为火，而她造纸不就是在做这种水火交融和转化吗？"

第二章
洋县, 蔡伦造纸故地

洋县龙亭镇是蔡伦的封地、葬地和造纸实验地, 龙亭及周边地区流传的蔡伦造纸的故事传说, 被列入陕西非物质文化遗产第二批省级保护项目名录。蔡伦造纸的故事传说共有 13 种, 分布点以龙亭为中心, 呈放射状分布, 大约有 100 多人会讲这些故事。

洋县蔡伦广场　上官瑛/摄

概　述

　　洋县，隶属于汉中市，位于陕西省西南部，汉中盆地东缘，北依秦岭，南靠巴山，中间平坦，沿汉江北侧向北展开。境内既有平川，又有丘陵，河流纵横，林木葱茏，是传统手工造纸的理想之地。

　　"蔡伦造纸术"是洋县的文化招牌。网上百度介绍洋县的条目，把它作为洋县的主要特色之一："洋县龙亭蔡伦造纸术有 1900 年的历史。它形成于东汉，由蔡伦在元兴元年（105）首创。蔡伦在龙亭实验创制而成的植物纤维纸，科技含量特别高，现代大机器造纸至今依然沿用着龙亭蔡伦造纸术的基本环节，其制造术成为中华民族古代四大发明之一。"

　　在洋县，"蔡伦造纸术"由最初的一种手工技艺，一门生产行业，发展为一种思想文化品牌。从东汉到民国，这么漫长的历史时期，洋县造纸业长盛不衰。龙亭大龙河、汉江与傥河沿线，造纸作坊星罗棋布。这里造纸的主要原料是楮树（构树）皮，造出的纸，通称为楮皮纸，民间称"构皮纸"。蔡伦在这里研究创造的一系列工艺方法，成为造纸的宝贵经典。后面我们要结合蔡伦纸文化博物馆的内容，对工艺流程作细致介绍。

　　随着工业造纸的蓬勃兴起，传统造纸业日渐衰落。截至 2006 年，只有龙亭镇周边的个别作坊还在造纸。槐树关镇阳河村店上组的董存祥，就是比较出色的纸匠。他出生于 1927 年，从徒弟到师傅，从采集原料到打理纸张，每一道工序都有自己的独到经验和体会。他是陕西省第一批非遗项目代表性传承人。"楮皮纸"是洋县造纸的标志性品牌，原料产地为秦岭及汉江支流龙溪河，5000 公斤干燥楮皮可造 5 万张纸（10 捆楮纸），每捆 10 把，每把 5 刀，每刀 100 张。

　　洋县龙亭镇是蔡伦的封地、葬地和造纸实验地，龙亭及周边地区流传的蔡伦造纸的故事传说，被列入陕西非物质文化遗产第二批省级保护项目名录。蔡伦造纸的故事传说共有 13 种，分布点以龙亭为中心，呈放射状分

洋县傥河，曾经两岸长满楮树　王钧/摄

布，大约有 100 多人会讲这些故事。洋县作家协会主席、县文化馆原馆长段纪刚，用好几年时间，实地考察了各处的造纸遗址，采访了许多纸匠，整理出比较完整全面的《蔡伦造纸故事》，成为这个方面的代表人物。

这些故事传说的特点，一是流传时间长，口口相传，长达 1900 年；二是内容丰富，数量很多；三是老百姓喜欢，有很强的社会认可性；四是原生态性强，无文人加工的痕迹；五是艺术性强，符合听众心理；六是兼具科学性，会给人传统手工造纸的知识启迪，是研究蔡伦造纸史实的宝贵资料。我们在后面会结合造纸工艺流程讲述一些故事传说。

作为蔡伦封地与造纸故地的洋县，因为蔡伦的贡献那样巨大，造纸的业绩那样辉煌，日渐形成了丰厚的历史文化底蕴。洋县深挖这一历史文化元素，寻脉探流，着力打造"蔡伦文化"名片。县城修建了蔡伦广场，组织县内文化名人成立蔡伦研究会、蔡伦书画院，召开蔡伦创造精神座谈会、举办系列书画展，推出《造纸传说》《握手蔡伦》等一批反映历史文化、展示人民智慧的文学作品。自 2005 年，每年策划开展百家媒体看洋县、清明公祭蔡伦活动，在蔡伦纸文化博物馆成立蔡伦造纸工艺流程体验馆，将造纸工艺流程通过中国画、稻田艺术等新颖形式对外展示，吸引国内外游客前来观赏，让世界更好地了解中国造纸术的由来。

"龙亭"的来历

位于陕西省汉中市洋县的龙亭镇，既是文献记载中的蔡伦封地，又是蔡伦造纸的试验基地，还是历经千年沧桑风雨、历代游人祭拜的蔡伦墓祠之地，后来又修建了蔡伦纸文化博物馆。

汉和帝时，蔡伦带领工匠在这里用楮树皮为原料，造出了第一叠"构纸"，用绩麻下脚料、破麻布造出了第一叠"麻纸"，用烂渔网造出了第一叠"网纸"。蔡伦将用不同原料造出的纸张样品上送朝廷，皇帝嘉奖蔡伦，颁布圣旨，让天下人效仿蔡伦造纸的方法，制作纸张。

朝廷表彰蔡伦的消息传到了龙亭，官员民众一片欢呼。官府在大龙河造纸作坊空地大摆筵席，招待造纸工匠，犒劳劳苦功高的匠人，同时也表达对蔡伦潜心探究、精心组织众人攻破造纸技术难关的敬意。

大龙河边张灯结彩，锣鼓喧天，人声鼎沸，大家推杯换盏，喜气盈盈。就在此时，大龙河碧水之上出现一对红灯，通红的光柱闪烁，直直地对着这里。人们仔细望去，只见一条巨龙卧伏碧波之上，静静地朝这里观望。噢，大龙河的巨龙赶来与大家一起庆贺来了！有人划着舢板船，邀请巨龙近前与人同乐。小舢板船即将靠近巨龙时，那条巨龙却倏忽沉入河水深处，

大龙河边的龙亭镇（航拍） 张锋/摄

两只红灯笼似的眼睛再也看不见了。

因巨龙驻足与官民共贺蔡伦造纸成功，老百姓就将蔡伦造纸的所在地称作"龙停"，后来又将"停"的单人旁丢掉了，于是，"龙停"成了"龙亭"。

这当然是一个民间传说，却生动地表现了广大民众对蔡伦的爱戴敬仰之情。

蔡伦墓、蔡伦祠

蔡伦（63—121），字敬仲，东汉桂阳郡耒阳（今湖南省耒阳市）人。汉明帝永平末年入宫，汉章帝建初年间，担任小黄门（较低品级的太监职位）。

洋县龙亭镇老街　石宝琇/摄

蔡伦祠堂的蔡伦画像　赵利军/摄

汉和帝即位之后，升任中常侍。后来，蔡伦担任尚方令，监督宫廷物品的制作。蔡伦对造纸技术进行了飞跃式的改进，皇帝非常赞赏，封蔡伦为龙亭侯。当时，人们把纸称为"蔡侯纸"。后来，蔡伦卷入宫廷斗争，因为当初受窦后指使参与迫害安帝祖母宋贵人致死、剥夺刘庆的皇位继承权，蔡伦被查办，并被命令自己到廷尉那里认罪。蔡伦耻于受辱，于是沐浴后穿戴整齐衣服、帽子，喝毒药而死。蔡伦死后，葬于自己的封地龙亭。

　　蔡伦墓祠及蔡伦纸文化博物馆连在一起，由祠区、墓区、纸文化博物馆三部分组成，占地40余亩。

　　墓祠区设拜殿、献殿、蔡侯祠、东西配殿、药楼、垂花门、钟楼、鼓楼等悬山式清代古建筑14座，庭院内植有千年古柏、汉桂、朴树、药树等树，古柏参天，翠竹成荫，绿树环绕，幽静怡人。墓冢高大巍然，墓前碑石林立，翁仲、石羊分列两旁。正殿内是穆然正坐的蔡伦塑像，殿外挺立着一年开花两次的桂花树。祠区内有唐德宗李适题匾，云集着西晋、唐、宋、明各代名家的书画真迹石刻，国民党元老于右任、中国佛教协会原会长赵朴初等人的笔迹石刻也赫然可见，还有花纹图案粗犷精美的砖雕、浮雕及大批汉代出土文物。

蔡伦墓园大门　赵利军/摄

蔡伦墓（航拍）　张锋/摄

洋县龙亭镇蔡伦祠堂正门（航拍） 张锋/摄

蔡伦墓碑亭　赵亚梅/摄

蔡伦祠堂内的钟楼　赵利军/摄

龙亭镇蔡伦祠堂东侧的大龙河两岸，曾经纸坊密集　张锋/摄

晋朝时期的蔡伦祠堂花砖　赵利军/摄

蔡伦纸文化博物馆

　　蔡伦纸文化博物馆是一家民营展馆，由马永琪（长安北张村人）投资，2002 年对外开放，业务负责人是韩智远。与蔡伦墓祠仅一墙之隔，辟门勾连。

　　在墓祠区（南院），可回溯纸的起源、可辨析造纸术在历朝历代的进展变化，可浏览以纸为载体的书画精品，可感知古代有关纸的文献记载及造纸术的传播过程。

　　在蔡伦纸文化博物馆区（北院），在廊式"仿汉纸坊"，可仔细观赏造纸的原材料楮树，可逐一参观了解"造纸术"的整个工艺流程。

　　现在，我们一起在这里驻足，逐一观看这里的陈列，看看传统造纸的每一个工艺环节吧！

洋县蔡伦祠堂内的蔡伦纸文化博物馆　石宝琇/摄

工艺流程之一——采集原料

廊式纸坊草棚储存着南朝宋时范晔《后汉书·宦官列传》记载中的"树肤、麻头、敝布、渔网"等实物，墙角长着几株苍翠的楮树，还原着蔡伦造纸所用的原料。

传统手工纸的生产过程中，原料何时采集，如何取料，需要哪些初步的处理，都有固定的时节，或有特殊的取料招数，每个纸种都有各自的门道，是一门专门的学科。

皮纸的备料，首先是楮树皮。宋应星对此有明确记载："凡楮树取皮，于春末夏初剥取。树已老者，就根伐去，以土盖之。来年再长新条，其皮更美。"除了楮树皮，还有稻草。稻草属禾草类，在收获之后取草秆做原料。收割脱粒之后的干稻草经过拉枯叶、割草头、破节等工序去除草叶，留下茎秆，扎成捆之后放入池中浸沤脱胶。干稻草可以长时间存放，备料过程对季节的要求并不严格。还有一种原料是青檀皮——青檀树的树皮。青檀皮的采集，则是严格控制在霜降之后，伐枝取皮。采料时间集中在冬季，以2—4年生枝条为宜。枝条砍下剥取韧皮。剥取韧皮比较简单的是直接剥皮，然后用刀刮除皮壳；比较复杂的，用火烤水蒸。青檀皮则是将砍下的树枝放锅里用大火蒸，待树皮松软后剥取韧皮。外层皮壳在备料时并不特别处理，而是待蒸煮后通过多次撕皮将其去除。

楮皮原料除了冬季采集与青檀皮相同外，春季也采集楮皮原料，其要求及处理方法也大同小异。竹纸备料则有别于皮纸备料，"当笋生之后，看视山窝深浅，其竹以将生枝叶者为上料。节界芒种，则登上斫伐"。

在洋县龙亭，造纸原料也是有故事的。

故事一（洋县纸坊街李家村，屈振江讲述）

洋县城北傥河边纸坊街，这里用楮树皮做原料造纸。大龙河、汉江、傥河等流域也建有许多造纸作坊，作坊生产的纸督运至朝廷，供朝廷和皇室之用。一天，蔡伦出傥骆道到纸坊街造纸基地，见一老者正在训斥一年轻后生，原因是年轻后生将旁边的烂渔网弄到沤料池中去了，烂渔网和沤料池中的楮树皮裹缠在了一起，难以摘除。长者抢起渔网抽打后生，后生一躲，渔网缠在一旁的树杈上，取，取不下；揪，揪不断。烂渔网颜色、形状与沤泡过的楮树皮差不多。蔡伦想，渔网是麻织的，麻和楮树皮韧性都很强。能不能用它作为造纸的原料呢？蔡伦让纸工收集了一些烂渔网给它们染（洋县方言，意为给烂渔网挂石灰之意）上石灰，装进大锅蒸煮。蒸煮过的烂渔网经过漂洗、切碎，放在石碓里舂捣，捣成糨糊状后舀入捞纸池中抄捞，捞出的纸和树皮纸同样的细密、白净、光滑、轻薄，且适宜写字。蔡伦非常高兴，心想既然麻织的烂渔网能做纸，那么，破布（那时没有棉花，人们织布的原料都是麻）、破麻鞋、织布及搓绳子后的下脚料等麻质的东西不就可以作为原料吗？东汉时，老百姓有种麻的习惯，麻的生产量很大，秦岭山地，到处都有野麻生长，这为蔡伦造纸扩大原料来源提供了得天独厚的条件。蔡伦让大龙河、汉江等处的作坊也都像纸坊街的作坊一样，广泛采集原料，不但抄造楮皮纸，还大量生产物美价廉的"麻纸"。东汉时代的纸坊街是蔡伦在汉水流域实验造纸的地方之一。由于蔡伦在此造纸的缘故，所以古老的手工造纸便在纸坊街一脉相传；由于此地位于秦岭山区傥骆古道的出口处和傥河之滨，所以纸张营销方便，造纸原料丰富，良好的水利资源为造纸提供了充足的动力，沤泡漂洗纸料也十分便利。所有这些因素，使古代的纸坊街久负盛名，纸坊街所在地的河段两岸，造纸作坊一个紧挨一个，水碓舂捣纸浆的声音从早到晚响个不停，大有舂声撼日之状。由于此地纸业繁盛，久而久之，便形成了一条繁华的街道，成为纸业的集散地和居民交易的集镇。当地流传至今的民谣说："傥水河，长又长，傥水河坝晒渔网；晒得白，晒得干，送给蔡伦做纸张。"

故事二（洋县龙亭镇龙亭街村，杨信甫讲述）

　　蔡伦在洋县用烂渔网造出了"网纸"，用破布、废麻头造出了"麻纸"，造纸获得了显著的成功。和蔡伦私下感情好的龙亭县令笑着和蔡伦打赌："你能不能造出一些"楮纸"来？你看那满山沟满河坝都长满了楮树，它们都让人砍去烧柴火了，多可惜呀！"蔡伦应道："如果我能造出楮纸来，又当何论？"县令说："那么，我就拜你做我的先生（老师）。"蔡伦说了声"好"，便匆匆地去了大龙河的造纸作坊。蔡伦想起，以前采集绩麻下脚料时，人们都习惯地用楮树皮搓绳捆绑，然后沤在池中，于是蔡伦便捞起一捆废麻絮观察楮皮绳子有无变化。这些楮皮虽然看起来很结实，但却很僵硬，皮上还有一层厚厚的黑壳，远不如麻料那样的柔软，能造纸吗？他有些疑惑。不管怎样，试试再说。蔡伦将楮皮绳子解下，将楮皮原料与麻料一起染灰蒸煮、漂洗、切碎、捣浆、抄捞，结果抄出的纸比以往细密多了。蔡伦想，可能是楮皮起了作用。于是全部改用楮皮作为原料，抄出的纸轻薄、均匀，而且不易扯烂。蔡伦让人将造出的楮皮纸运到县衙，县令看了，在楮皮纸上面用毛笔试着写了几个大字，非常满意，当即就兑现诺言，要拜蔡伦为先生，蔡伦扶他起来说道："还是拜拜楮皮纸吧，它才是真正的先生哩。"从此以后，人们就都将蔡伦发明的纸叫作"楮先生"。

工艺流程之二——沤淹

　　沤淹依地区不同又分塘沤、河沤和池沤。这个展馆给我们展示的只是池沤。沤淹，为的是脱胶，去除造纸原料中的果胶质。天然的果胶质一般以原果胶、果胶、果胶酸的形态广泛存在于植物组织当中，是细胞壁的一种组成成分。它们伴随纤维素而存在，构成相邻细胞中间层黏结物，使植物组织细胞紧紧黏结在一起。果胶本质上是部分或完全甲氧基化的聚半乳糖醛酸，在植物原料中果胶无处不在，传统手工纸的麻皮竹草等原料中都含有一定量的果胶质。

造纸需要纤维，其他都是杂质，果胶如果不去掉，纤维粗硬成束，舂捣不易分丝帚化，在原料蒸煮时会大量消耗碱液，影响蒸煮效果。果胶质是一种比较好对付的杂质。一部分果胶溶于水，用水泡一泡、煮一煮、洗一洗就能去掉。还有一些不易溶于水的，也很容易被碱分解，或者被微生物发酵降解。这就涉及了一种古老的生物脱胶技术——沤料。

沤料，是普遍采用的一种脱胶方法，传统手工造纸中的沤料跟沤麻一脉相承，将采来的韧皮、竹、稻草等原料扎成捆，或浸入池塘中，或用流水不断冲淋，短则三五日，长则三五月。依靠水中微生物产生的果胶酶来降解原料中的果胶质，实现软化纤维之目的。这是一种微生物发酵过程，在水浸发酵中起主要作用的是细菌，尤其以芽孢杆菌最为活跃。如厌氧性的费地梭菌、酪酸梭菌和蚀果胶梭菌，需氧性的枯草芽孢杆菌、多粘芽孢杆菌，等等。这些微生物均能产生果胶酶，沤料就是利用这种酶分解果胶的能力，去除原料中的果胶质。当然除了果胶酶以外，很多细菌还能产生淀粉酶、蛋白酶、半纤维素酶，顺便将原料中的部分淀粉、蛋白质和半纤维素也一起沤掉了。古人造纸用的就是生物技术，古人尽管不懂这些道理，但实践能力却是非常超前的。

经过沤料脱胶的原料最明显的变化就是更加柔软，后续的浆灰蒸煮更容易操作，碱液也更容易渗透到纤维当中，能够显著增强原料蒸煮的效果。

造纸原料的脱胶还有用水蒸煮、浆石灰发酵等方法。其主要原理是热水能够溶出更多的果胶质，碱性的石灰更是直接能让果胶分解。贵州丹寨是将楮树皮放到河里浸沤发酵，称之为河沤，一般三五日之后沤软了就行；云南的傣纸只需水浸一两天便可进行草木灰蒸煮；腾冲的滇结香则是水浸两三天；鹤庆楮皮纸沤的时间稍长些，7—10 天左右。这种脱胶过程大都不太充分，主要还是让皮料软化，后续还得在蒸煮过程中依靠碱液继续脱胶。

宣纸因为有青檀皮和沙田稻草两种原料，脱胶过程是分开进行的。青檀树枝一般要先用水蒸煮，剥取韧皮放入池中浸泡一两天，再浆灰堆沤半个月到一个月左右。沙田稻草则是直接扔池子里浸沤脱胶，时间一般在个把月上下，直到稻草沤软。

下面讲一个蔡伦与"沤淹"的故事。（洋县龙亭街村，蔡伦后裔蔡润讲述，段纪刚录音整理）

在朝廷显赫一时的邓皇后下令，让蔡伦造出她满意的高级纸。蔡伦绞尽脑汁，几年过去，进展甚微。楮树皮、苎麻原料的杂质怎么漂也除不尽。成浆后，滑溜溜的，粘不到一块儿，为这事儿，蔡伦愁得眉毛拧成了疙瘩。连续的试验都以不尽人意而收场，疲惫不堪的蔡伦从纸坊回到官邸昏昏睡去。他做了一个梦：云雾缭绕的山野之中，似乎有一人高声叫道："蔡伦听命！"蔡伦猛吃一惊，抬头观看，只见广化众生的菩萨到了，他忙匍匐在地。"今授予汝秘方一道，汝必潜心做纸，不可懈怠！"菩萨说完，飘然而去。蔡伦起身，只见一条白色方绢悠悠飘落下来，他急忙伸出双臂去接，可怎么也够不着，白绢反倒被风吹远了。他撒开双腿便追。追啊，追啊，追过楮树蓊郁的楮树湾，追过澄明碧透的大龙河，追过苎麻葱茏的烟斗山、白岩山，那白绢终于落在一个名叫王坎的地方了，蔡伦兴奋得抱过去……"哗啦"一声，他惊醒了，原是南柯一梦。定睛一看，怀里抱的哪里是"秘方"，却是床头竹简编结成的《诗经》啊。蔡伦想着梦中的事，好生奇怪。唉，真是日有所思，夜有所梦。他忽然想起怀中的《诗经·陈风》中有

"东门之池，可以沤麻"的句子。古人制作麻布，早就知道使麻料变柔的道理了，当地人也有用草木灰和石灰来沤麻的，我何不如法炮制？蔡伦有了主意，与工匠们一起，将一些楮树皮染上草木灰，放入大锅蒸煮，滑腻的楮树黏液果然消去了大半；又改用石灰代替草木灰，效果更佳。染灰蒸煮过的原料，再经过反复漂洗，杂质、黏液全无。原料脱胶除杂的难关终于被攻破了。这一喜非同小可。蔡伦即令一位姓张的师傅在他梦中逮住绢的地方——王坎建窑一座，烧制脱胶所需的石灰，又命一姓李的工匠头目监督捞纸。后来蔡伦又攻破了纸张分离的难关，使造纸法渐趋完善，终于制成了均匀洁白、光滑轻薄的纸。有人根据这个故事编了歌谣："蔡伦造纸不成张，观音老母说药方。张郎就把石灰烧，李郎捞纸才成张。"

工艺流程之三——煮楻足火

皮料脱完胶，接着便该是蒸煮了。蒸煮工艺又分传统蒸煮工艺与新式蒸煮工艺。

传统蒸煮工艺：将手工纸原料制成纸浆，蒸煮是最为重要、也最关键的一个步骤。在传统手工纸当中，除了生料竹纸没有蒸煮工序，其他纸种至少都得蒸上一回，一些精工细作的纸种甚至要经过三、四次重复蒸煮才能完全制成纸浆。一遍又一遍地蒸蒸煮煮，为的是能把原料分散成单根纤维，蒸煮的过程，就是脱除原料当中木质素的过程。

造纸原料主要由纤维素、半纤维素和木质素组成，也就是所谓的"三大素"。果胶、树脂、淀粉都是小角色，"三大素"才是造纸要素里的主角儿。蒸煮当中尽管也会去除原料中的残余果胶、树脂、淀粉、蛋白质等杂质，但就造纸过程而言，最紧要的还是脱除木质素。在植物原料中，纤维素和半纤维素是构成纤维细胞壁的主要成分，木质素则是将万千纤维连成一体的黏合剂。

蒸煮过程的本质是：在纤维素、半纤维素、木质素"三大素"中去除木质素。首先，木质素作为纤维之间的黏合剂，必须将它去除之后才能得到分散状态的纸浆。其次，木质素在三大素中是最活泼的，极易引发各种老化反应，大大降低纸张的寿命。再次，木质素颜色深、硬度高，要想制得洁白柔软高颜值的纸，木质素必须去除干净。

木质素比较活泼容易反应，把它分解之后妥妥地从纤维当中除净，并不是一件十分容易的事情。这个过程还要保证不损伤纤维，有点投鼠忌器的意思。木质素不溶于水，也不溶于酒精等常见的有机溶剂，只在酸碱环境中才能降解成可溶性的单体成分，这样才能将其洗掉。

木质素是由三种基本单元组成的。三种基本单元通过醚键和碳碳键相互连接，攒成各种各样复杂的木质素分子。蒸煮过程就是通过化学药品和高温的作用，将这一团一团的木质素大分子拆成一个个零碎的单体，使其溶于蒸煮液中，并通过后续的洗涤将其除去。利用蒸煮去除木质素的基本原理，无论是传统造纸术，还是现代化学制浆，脱掉木质素的基本目的都是一致的。

在传统手工纸中，依据所用药剂的不同，蒸煮主要分石灰蒸煮和草木灰蒸煮两种方式。

先说石灰蒸煮：据学者考证，早在春秋时期就产生了石灰的制造和使用技术。石灰用于造纸可能源自石灰"沤麻"，以石灰制浆算是最为古老的化学制浆技术了。传统手工纸蒸煮所用的石灰必须是新制的熟石灰浆，新制的灰浆碱性比较强，以均匀的糊状为佳。将树皮、竹料等原料浸入石灰浆中裹匀，待其挂上浆后捞出，俗称"浆灰"。浆灰需堆沤一两天，使碱液浸透原料后便可入锃锅蒸煮。蒸煮时有的采用蒸法，水在下面的锅中，以蒸汽加热原料。也有采用煮法，在整个锃锅里灌满水，烧火开炖。相较而言蒸法要更好一些，蒸汽的加热效率高，碱液浓度也更大，脱出的木质素随冷凝水流入下方的锅里，避免其重新在纤维中沉积。蒸煮时间各个产区也长短不一，短则一两天，长则七八天。当然这跟原料和纸种有很大关系，不同的原料木质素含量不同，蒸煮时间自然各不相同。不同的纸种，不同的工艺，对蒸煮的需求也各有区别。石灰的溶解度较低，碱性较为缓和，对纤维素的降解作用小，而且脱色、脱脂和脱胶作用较好。以石灰蒸煮的纸浆强度高、白度好，成纸强韧绵软，火气小，吸墨性好，有非常明显的笔墨效果。许多书画爱好者更加青睐传统工艺制成的手工纸，原因便在于此。

再说草木灰蒸煮：以草木灰或用草木灰提取的土碱作为蒸煮药剂，效果也是不错的。由于草木灰中含有氧化钾和碳酸钾等碱性物质，可以取代石灰蒸煮制浆。草木灰制浆大致有两种用法：一种是直接以草木灰裹上原料，混合均匀后蒸煮；另一种是用热水浸渍草木灰，提取澄清的碱液，以碱液或烧干制成的土碱蒸煮原料。相较而言第二种方法更好，第一种方法

蔡伦纸文化博物馆内，师傅在抄纸　张锋/摄

会把草木灰中的杂质引入纸浆，影响成纸品相。由于不同地区烧制草木灰的原料不尽相同，其碱性也有很大的差别。譬如和田桑皮纸所用的胡杨土碱，南方所用的桐壳碱（俗称冰碱）等木灰碱的碱性要强一些，其他产区也有用竹灰碱、荞麦秆灰、稻麦灰等。草木灰蒸煮既可以单独蒸煮纸浆，如东巴纸、藏纸和田桑皮纸都是用草木灰碱单独蒸煮；也可跟石灰搭配多级蒸煮，先用石灰蒸煮一次，再用草木灰碱二次蒸煮，乃至三次、四次……明清时期的宣纸制作便是这个套路。使用草木灰蒸煮的纸张除了具备更好的白度和纤维纯净度以外，还有一个非常突出的特性——亲墨性好，很多书画家认为草木灰蒸煮的纸张书写感更佳，墨色更"润"，书画效果更好。云贵地区至今仍有少数纸坊采用草木灰蒸煮工艺，制成的纸张色泽温润柔和、书写时有笔墨相吸、纸墨相宜之感。尽管在 1893 年以后，在宣纸的制作方面改用纯碱替代土碱进行多级蒸煮，但碳酸钠跟草木灰的主要成分碳酸钾性质较为接近，宣纸在墨色上一直都能独领风骚，这也是一个非常重要的原因。

此外，还有两种新式的蒸煮工艺——纯碱蒸煮和烧碱蒸煮。

纯碱蒸煮，简称碱蒸，是以纯碱（碳酸钠）替代草木灰的一种蒸煮方式。碳酸钠尽管顶着"纯碱"的名号，其实是一种盐，其水溶液呈较强的碱性，因此可以用作碱性蒸煮剂来脱除原料当中的木质素。碳酸钠跟草木灰的主要成分碳酸钾化学性质极为接近，纯碱跟草木灰水在蒸煮方式和蒸煮效果上如出一辙。除了少数纸种（如藏纸）直接用纯碱单次蒸煮，大多数采用碱蒸的纸种，都将其放在二次蒸煮或者多级蒸煮阶段。由于碳酸钠的碱性不算特别强，相较于石灰和烧碱要温和许多，更适合以补充蒸煮或多次蒸煮的方式来提高蒸煮效果。当然温和自有温和的好处，尽管效率低点，但慢工出细活。作为草木灰蒸煮的完美升级版，纯碱蒸煮因碱性较弱，反应过程相对温和，不会对纤维造成太大的损伤，纸张强度和使用性能要明显优于烧碱蒸煮。经过碱蒸的手工纸使用时常有吸笔亲墨之感，墨色润泽、乌亮，不灰不燥，受到很多使用者的青睐。纯碱蒸煮最成功的实例，莫过于一些地方的宣纸。由于工业纯碱比草木灰水的质量和来源都更加稳定可控，宣纸的工艺水平和影响力不断提升。民国以来，书画领域对于纸张洇墨性和墨韵的极致追求，恰好跟宣纸吸墨润墨的特性完美契合，宣纸逐渐成为大多数书画家的独宠。尽管随着机制纸的冲击，其他各类传统手工纸都相继式微，但宣纸却能逆势发展并最终一家独大，成为传统手工纸的代名词。

烧碱蒸煮，是以氢氧化钠（又名烧碱、火碱、苛性钠）为蒸煮剂的一种蒸煮方式。跟碳酸钠不同，氢氧化钠是著名的强碱，单是"烧碱""火碱"这两个俗名，就能看出它足够的碱性。氢氧化钠不但碱性强，而且溶解性好，脱木质素能力比起石灰、草木灰要更加强悍。烧碱蒸煮大大缩短了原料蒸煮的时间，石灰需要好几天才能煮透的，烧碱不到一天就能搞定。若再配上高压设备，那速度就更快了。而且从成品外观上看，烧碱蒸煮的效果也要优于石灰和草木灰。木质素残余量、纤维束含量都明显降低，纤维纯度也显著提高。配合漂白能够轻松达到较高的白度，成纸匀整洁净，杂质含量少。采用烧碱蒸煮不仅大大简化了烦琐的蒸煮过程，成纸的颜值也明显提高，这些都是烧碱的优势。如今我们在市场上见到的大部分手工纸，尤其是消费级别高的书画用纸，基本都采用烧碱法蒸煮。烧碱的高效率使得蒸煮过程比以往都更加简单，手工纸的成本也因此降低。烧碱的强碱性就像一把双刃剑，快刀斩木质素的同时，纤维素自然也免不了要多挨几刀。强碱造成的纤维素降解使得烧碱浆的纤维强度要比前述三种方法略逊几筹，尤其是手工纸生产常以小作坊为主，对于蒸煮过程的控制没有那么精准，为了图省事多放点碱多煮两小时是常有的事，过度蒸煮对纤维质量造成损伤，纸张在强度上要比石灰纯碱等低很多，微观层面的纤维聚合度也差距明显。烧碱蒸煮的另一个短板是在墨色效果上，时常被认为偏燥、火气大、水墨不易控制，润墨性不佳。尤其是新纸更加明显。烧碱法还有一个重要的弊端在于它的废液污染，尽管并不影响纸质，但随着近年来人们对环境问题愈加重视，烧碱蒸煮的模式受到相应的限制。

工艺流程之四——为了"漂白"的加工

其实，这道工序在这个展馆是看不到的，因为当时还没有这道工序。在传统手工纸的制作过程中，漂白只是一个自选程序。有人喜欢素面朝天的本色纸，有人喜欢洁净雪白的漂白纸，各有所好，各有所需。常见的宣纸、连四纸都属于漂白纸，而普通的元书纸、毛边纸，一般没有漂白工序，纸张以本色呈现。在造纸技术史中，漂白环节出现得稍晚一些，套路也没有那么多。

漂白是通过一些技术途径来提高纸浆的白度。尚白是一般人的审美习惯，所谓"一白遮百丑"，对人的颜值欣赏是这样的，对纸也是这个标准。古人给纸取名"凝霜""冰翼""玉屑""玉版"，基本都是奔着这个路子去的。好纸自然也需有好的颜值，白度是纸张颜值非常重要的一项指标。

怎样才能让纸变白呢？这又得提到木质素！蒸煮主要目的是脱除木质素，但木质素仅靠蒸煮一种方式是脱不干净的。木质素不仅是原料中的黏结剂，还是纸浆中的呈色剂，未漂纸类似于土黄的颜色，正是纸张中残余木质素的原因。其实，原生状态下树皮、竹子中木质素的颜色并没有那么明显，经过碱性蒸煮之后，木质素的颜色会显著加深，这种现象，专业上称之为"碱性发黑"。木质素中含有大量的共轭结构，蒸煮后很容易生成一大堆发色基团。这就是为什么明明蒸煮去除了大部分木质素，纸浆颜色还比原料更深的原因。

漂白过程的目的，一是深度脱木质素，二是消除纸浆里的发色基团。简单地说，就是换个法子，再脱一回木质素，最后剩下的少量"顽固分子"，只需将它们的有色基团漂成无色，就能制成洁白的纸浆。

怎么"漂白"呢？古人的方法很简单：日晒和雨淋。

日晒的行话叫日光漂白。以宣纸为例，将蒸煮后的青檀皮或稻草平铺在向阳的山坡上，称之为摊晒。摊晒一段时间后还要再次碱蒸，再摊晒，如此往复三到四次，方可制成白度较高的燎皮和燎草。摊晒过程中遇雨淋后，还要翻摊，使原料均匀晒白。晒料所用的晒滩也非常讲究，需选坡度较陡的向阳山坡，并铺以碎石，便于雨天迅速排水。传统宣纸的制浆过程大概得一年左右，这期间大部分时间都在山上晒着。竹纸当中的铅山连四纸和连城连史纸也都属于漂白纸，传统的漂白方式跟宣纸比较相似。将竹丝盘成竹饼，摊在向阳山坡事先折断整理过的灌木丛上日晒雨淋。这跟宣纸的碎石滩异曲同工，都是为了两面透气，且易于排水。也有地方将竹饼 bia（陕西方言，意为用力粘贴）到墙上，或者用竹席、绷起的网子摊晒，套路不一，却都殊途同归。靠日晒雨淋来漂白纤维，古人究竟是如何发明这个方法的？目前好像并没有相关史料记载，也未见有权威的说法。不过这个套路可能借鉴了麻纤维的晾晒漂白，传统造纸的许多工艺都来自麻纺织，这类案例不少。

日光漂白的原理，目前还没有经过科学实证的结论。但很多学者都倾向于一个理论模型：即日光漂白的实质为臭氧漂白，日晒时的紫外线和雨天的雷电都能产生臭氧和活性氧原子，臭氧和活性氧原子具有很强的氧化性，能够去除纸浆中的木质素和发色基团，使原料变白。这个说法在理论上是可以成立的，而且有不少实践经验与之吻合，如一些年份烈日天气和雷雨天气较多，原料的漂白效果则会更加明显；还有日光漂白损耗大，也符合臭氧的特性。遗憾的是手工纸行业实在是太小了，很少有实验室会对这类传统工艺开展深入的机理研究，直到现在这个理论模型还尚未证实。如果这个理论模型成立的话，宣纸生产的一些特点和纸张特性则都可以合理解释。譬如臭氧漂白的效果较好，经过日晒雨淋之后白度提升比较明显，同时纤维中的一些杂质去除得比较干净，宣纸的墨色因此傲视群纸。但传统日光漂白也并非完美无瑕，许多人认为传统而天然的方法温和又不损伤纤维，这其实有点一厢情愿。在现代造纸理论中，臭氧漂白被认为是对纤维损伤最大的一种漂白方式，活性氧原子消灭木质素非常给力，误伤纤维自然也不在话下，日光漂白得率普遍较低正是这个缘故。有资料显示，传统宣纸从青檀皮到燎皮浆的得率仅有 20%—25%，稻草更是低至 16% 左右。

白，那都是有代价的！换一个角度，日光漂白的副作用并不难理解。紫外线是引发纸张老化降解的一个重要因素，高强度的紫外线甚至能直接破坏纤维素分子，引发光氧化、光降解反应。古籍字画等纸质文物在保存时都尽量避光，展览时也常常会禁止闪光灯拍照，就是为了防止紫外线对纸张的伤害。

次氯酸盐漂白：日光漂白效果虽然不错，但是太慢，费工费时，比较简单快速的方法，就是用漂白粉漂白。漂泊粉就是次氯酸盐，用它操作简单，效果显著，不需要加温加压。次氯酸盐，细分起来主要有两种：次氯酸钙和次氯酸钠。次氯酸钙又叫漂粉精、漂白粉，一般是用氯气通到石灰乳中反应制得。尽管漂白效果不错，但这东西有危险，易燃易爆，有刺激性，弄不好还会释放有毒的氯气。后来，逐渐改用相对安全一些的次氯酸

蔡伦纸文化博物馆内，师傅在辅导孩子演习造纸　张锋/摄

钠。次氯酸钠多以溶液态出售，俗称漂水。漂水虽没有燃爆的危险，但有一定的腐蚀性，而且也会释放氯气，刺激呼吸道，纸匠们也是不愿意用的，但是人们都喜欢白白净净的纸，纸匠们也只好投其所好。传统宣纸仍以日光漂白为主，漂粉精只是作为补充漂白，有着日光漂白难以达到均匀的白度。

工艺流程之五——打浆

打浆是利用物理方法处理纸浆纤维，通过机械或流体作用，使纤维受到剪切力，改变纤维的形态，使纸浆获得某些特性，以保证成纸达到预期的质量要求。打浆过程中纤维除了受到剪切、揉搓和梳理等作用外，纤维的细胞壁还会发生位移、变形与破裂，进而吸水润胀，产生细纤维化，使纸浆具有柔软性、可塑性，纤维产生分丝、帚化，也使纤维素分子链中的羟基暴露，增加形成氢键的机会，提高了纤维间的结合力。

打浆是造纸环节最关键的工序。植物纤维只有经过打浆，才能分散成单根纤维，然后再以氢键重新结合形成薄片，才能进行下一道工序。同一种纸浆，采用不同的打浆方式，打至不同的程度，便可造出不同特性与质感的纸张来。现在造纸工业中常用的纸浆不过几十种，但纸张的种类却有近六七千种。打浆，就像神奇的魔法，通过不同的原料和配方，变幻出各种不同的纸来。

在现代造纸领域，打浆的魔法几乎被发挥到极致。一张晶莹透亮的玻璃纸，一张松软柔和的面巾纸，一张坚韧挺括的牛皮纸，原料很可能都是一样的，不同的打浆工艺使其在外观和质感上千差万别。手工纸的打浆套路五花八门，丰富多彩。手工纸打浆的一些状态和参数，甚至是现代造纸苦苦追求而无法企及的高峰。

手工纸的打浆分下面几种形式：

舂捣：舂捣是制作工序中常常提及的字眼，也称舂纸、臼纸。工具一般主要有下凹呈圆坑的石臼、杠杆和舂浆的重槌，重槌有木质的，也有石质的。可以用脚驱动或水力驱动，现在也有用机器驱动的。

造纸

蔡伦纸文化博物馆内的藏品造纸石臼　赵利军/摄

　　碓打：碓打跟舂捣比较接近，时常会混着叫，舂碓、臼碓一类的说法都有，跟地方语言习惯有关。除了圆坑状的石臼以外，碓打的设备还有水平或是带花纹的石板。碓打一般要求较高的浆料浓度，打料槌自由落下时砸在浆料上，纤维之间互相挤压揉搓，发生细纤维化。这类打浆过程的揉搓作用比较充分，很少会使纤维切断，成纸的强度比较好。如今许多纸坊引入现代造纸的打浆机，因浆浓度较低，揉搓有限，还很容易造成纤维切断。而一些比较讲究的手工纸坊则依然坚持传统的舂捣、碓打套路，尽管效率较低，但质量上的优势明显。一些非造纸区的米碓，跟皮碓的形制并无二致。这也给我们一个提示：传统手工纸的打浆设备很可能来自日常的农具。

　　石碾：主要有两种：一种是底面为圆形的平板，另一种是底部为环状的沟槽，可以人力、畜力或电力驱动，打浆效率比较高。

捶打：用木槌捶的，还有甚至用木棍敲的，一般在西南少数民族地区较为多见。

脚踩：在闽西一带的毛边纸、玉扣纸产区较为多见，通过脚踩的方式将竹料纤维分散，虽不怎么伤纤维，但却很耗体力。

刀切：一些韧皮纤维在经过打浆之后，还需用特制的长刀将皮料切短，以利于入槽后纤维分散均匀，抄成匀度较高的纸。由于切断纤维也属于打浆的范畴，所以刀切也是一道工序。

石砸：在一些偏远的产区较为多见，尼木藏纸的打浆过程就是在石板上用鹅卵石一下下敲砸完成的。

打浆机：除了石碾要快一些，其他效率都差点，于是许多纸坊逐渐引入现代的打浆机，靠转动的齿轮状的飞刀辊来打浆。还有一种叫镰刀式打浆机，在一个转轴上焊上很多刀，高速旋转打浆，以疏解纤维为主，多用于长纤维的韧皮浆。

传统造纸打浆，在洋县也是有故事的。（洋县龙亭街杨成敏讲述）

起初，蔡伦在龙亭造纸，将楮树皮沤泡变软，染上石灰，再上碾砸，抖落楮皮上的黑壳，然后反复洗干净，接下来用铁刀裁碎，最后将切碎的楮皮捣成糨糊状，将这些糨糊状的东西均匀地浇在帘框上，按工序依次作纸，但是做出的纸片很粗糙，不均匀，很难形成一张完整的纸片。蔡伦细细察看，只见纸片上一绺一绺树皮筋不能有效地结合在一起。他想，如果将这些树皮筋状物弄得很碎很碎，效果会怎样呢？冥思苦想，仍想不出个好办法来。一日，蔡伦正在龙亭的官邸中看书，不远处的人家传出咚咚咚的响声，吵得他无论如何也读不下去了。蔡伦心烦，索性出了书房，循声而去。原来是一个丫头在用石臼舂米，丫头告诉蔡伦，主人家令她今日必须舂好一斗米。谷子要变白米可不那么容易，怪不得这舂石臼的咚咚声从早晨响过了晌午还停不下来。蔡伦蹲下身子，抓了一把白米，似乎悟到了什么，放下白米又赶忙抓了一把米糠，用手指在掌心刨了刨，顿时喜形于色：为什么不能把楮树皮也变成米糠一样的模样呢？他三步并作两步来到大龙河边的抄纸作坊，让工匠到村子里找来石臼，把经过除杂切碎的楮皮放到大石臼内，经过一段时间猛捣，加水和匀后浇成纸片，湿纸片显得非常均匀。他耐着性子等着纸片变干，哪里等得及？便笼起木炭烘烤。很快，纸片干了，他从帘框上揭下纸片，看它是那样轻薄、平匀、光滑，又用笔蘸了墨在上面写了几个字，觉得运笔异常流畅。啊呀呀，妙法产生了！

工艺流程之六——荡料入帘

我们在这里看到的是一道最奇妙的工序——"荡料入帘"，让水里无形的纸浆出水以后就变成了成形的"纸胎"。这道工序在陌生人眼里，像是变魔术。

纸张的成型过程必须在水中进行，以水作为媒介。分散的植物纤维之所以能够不使用任何胶黏剂，自然结合形成具有一定强度的薄片纸张，主要依赖于纤维之间的氢键。氢键就像是纤维细胞表面携带的大量"粘钩"，这些"粘钩"在水中呈散开状态，水干之后则能自然粘在一起，互相粘连成页，这便是纤维成纸的奥秘所在。如果没有氢键，这些植物纤维就只能是一盘散沙，不可能形成纸。以植物纤维造纸，从某种意义上来讲，既是机缘，也是必然。只有植物纤维才具备这种奇妙的特性：在水中氢键断开，可以轻松分散均匀；通过某些方法制成薄片后晾干，纤维之间便能形成氢键互相粘连，变成一张张薄而韧的纸张。

"抄纸"就是在水的参与下完成的一场魔术表演，将一团团如泥浆一般的纸浆变成一张张均匀平整的纸页。这个古老的魔术在千百年来有过不同的套路和方法，大致有两个主要流派：一帘一纸，称之为浇纸法；一帘多纸，称之为抄纸法。

抄纸法主要的技术，有下列四点：

一、使用活动式纸帘，仅需一帘就可以连续不断抄造多张纸，极大地提高了工作效率。一张纸帘连续不断地抄纸，满负荷状态下，一个抄纸工一天能抄出两千多张纸来。这是浇纸法无可比拟的。

二、纸浆事先分散于纸槽当中，并添加纸药，使纸浆均匀悬浮，抄纸前，还要不断划槽，搅匀纸浆。不是所有的抄纸法都添加纸药，如富阳元书纸，由于竹纤维较短，容易分散均匀，即便不添加纸药也可以抄出合格的纸张来。

三、荡帘抄纸时纸浆在纸帘上随水流朝一个方向定向流动，使得纸张纤维的排列方向呈现一定程度的一致性。如果仔细观察纸帘，会发现竹帘跟帘床组装在一起并非严丝合缝，要比帘床窄一点或者短一截。短出的这部分空间就是溢浆口，荡帘时多余的浆料从这里流出，借助水流的作用，使纤维呈定向排列。当然也有一些纸帘没有溢浆口，借助水浪在帘框内的往复流动来匀布纸浆。

四、抄成的湿纸页覆帘成叠，经过压榨之后纸页更加紧致平滑，牵纸揭分之后贴到墙上晒干或在纸焙上烘干，大大提高了干燥的效率。

在抄纸法的整个操作过程中，荡帘抄纸是最关键的一步，同时也是最显手艺、最具观赏性的一个工序。除了对熟练和经验有较高要求，更是技巧和艺术的完美结合。荡帘时不仅要精准控制水浪在纸帘上的流动和滤水速度，保证形成均匀完整的湿纸页，还要在千百次的重复中准确把握每一张纸的厚薄。这就需要长期的锻炼和丰富的经验积累，还需要天生的悟性。

因为纸页要在竹帘上成型，帘子的粗细、疏密决定了纸浆在帘上的滤水速度和分布情况，最终决定了成纸的优劣。一张细匀、平整的竹帘往往是抄成一刀好纸的关键。我们现在看一些明清时期的纸张，会惊叹纸质的细匀平整，觉得今人所不能及。除了制浆环节和抄纸手艺的差别以外，竹帘的差距也是显而易见的。一些清代古纸的帘纹甚至能达到 18 丝/厘米，今天最细密的扎花帘也不过 14 丝/厘米，至于帘线的粗细就更不用比了。

抄纸法在不同的产区也有不同的抄法，套路繁多，五花八门。以比较常见的宣纸为例，抄纸时通常是竖帘两次入水，多为双人抬帘，较大纸幅则需更多人合作，丈六的"露皇"（露皇，一种需要用特制超大竹帘，由纸工集体合作抄造的超大规格宣纸的名称）宣纸需要 28 人，"三丈三"据说要 44 人抬帘，另加 8 人拉绳。

两次入水在抄纸法中比较常见，第一次入水后湿纸页大体成型，第二次由纸帘的另一侧入水，使整张纸纤维分布更加均匀，厚薄一致。只是有些产区纸帘上的溢浆口朝上，有些产区的溢浆口朝下。也有一些地方将双人抬帘改成单人掌帘，由于纸帘出水时需要的力量较大，每天重复抄上千张纸是非常累的，单人操作时常常需要挂绳助力。这个助力系统其实也分不同的派别，有的直接用绳子固定帘床一端，另一端靠人操作。还有一种设计非常巧妙，在屋顶上固定一个有一定弹性的竹片，用绳子将其和帘床连接，抄纸时用力下压入水，之后轻轻上抬，即可借助竹片的弹力让纸帘出水，大大节省了人力。除了两次入水的抄法以外，也有一些产区采用三次入水或一次入水。像安徽潜山和浙江龙游是三次入水，多次入水的主要目的，还是让纤维分布得更加均匀，成纸厚薄一致。一次入水比较有代表性的是富阳元书纸，其操作方式跟两次入水和三次入水有一定区别，纸帘入水和出水的速度明显比前两种缓慢一些，有点像打太极的情形，没有来回荡帘的动作，依靠控制纸帘的出水速度和滤水时间，使竹帘上的纤维均匀分布，一次形成湿纸页。

写到这里，我们还想说一点题外话。在陕西，汉中米皮久负盛名，长安的秦镇米皮也同样名闻遐迩。我们在汉中一些地方实地考察后，又来到长安北张村考察，夜里下榻在北张村附近的沣河西岸的秦镇。在品尝秦镇米皮的时候，猛然想起洋县流传的蔡伦与当地米皮的故事。难道秦镇米皮的制作方法对北张村的造纸没有影响？两个无论如何也扯不到一起的事，居然也"心有灵犀一点通"了。饮食生活与生产劳动之间，存在着一个怎样诡秘的通道？千年之后，触摸着纸匠用过的帘床，使用着漂亮的纸张，当笔尖与纸面接触时，潜伏在纸中的生活气息会不会还给你一个广阔的生活景观？难道这仅仅是关于纸的故事？

工艺流程之七——覆帘压纸

当覆帘的湿纸页摞到一定厚度，就进入下一个工序——压榨。这一步主要是用机械压力榨去湿纸叠中过多的水分，提高湿纸页的干度和紧度，为后续的揭分做好准备。榨纸在过去用的是木榨，通过杠杆和类似于滑轮的绳子将压力施加在湿纸叠上，压出纸中的水分。现在许多纸坊改用千斤顶，操作更加简便，也更省时省力。榨纸是纸页成型中最慢的一步，非常讲究节奏，不能着急。刚抄成的湿纸叠含水量将近90%，像一块嫩豆腐，压力太大就可能将其压溃，变成一摊豆腐渣。榨纸时压力要一点一点地加上去，每次加压之后，必须等到不再溢出水分，方可进一步加压，压至合适的干度为宜。整个过程大约要持续大半天乃至一整晚。榨纸的目标干度是很有讲究的，太湿则纸页强度不够，揭不起来。一般并不太容易压到很高的干度，压榨设备所能提供的力量是有上限的，劲太大容易损坏设备和工具，而且压得太瓷实太干同样不利于揭分，也容易起焙。

纸榨干之后，如何揭分呢？造纸时，蔡伦遇到了困难，纸药的故事就是为分纸而出现的。（龙亭镇杨湾村杨信甫讲述）

在古龙亭县东门外有一条大龙河，河边有一块平坦的母猪滩，滩边有几个造纸作坊。那一年夏季，大龙河发了洪水，冲毁了庄稼和农舍，裹挟着泥石流冲向平川，淹没了母猪滩边的造纸作坊。洪水退后，造纸作坊内一片狼藉。从山中吹下来阳桃（猕猴桃）的枝蔓塞满了一个抄纸槽子。纸工将作坊进行了清理，将阳桃枝蔓捞出，恢复抄纸。蔡伦发现，抄出的湿纸和帘框很容易分离，一点儿也不粘连。以前揭湿纸片时一不小心就扯破了纸，但这次揭得轻松完整，速度很快。蔡伦仔细观察湿纸的表面，非常均匀。他心中一震，这是为什么呢？去看其他几个抄纸槽子，让纸工在槽子里抄纸，结果还是以前的老样子，帘框与湿纸很不好分离。蔡伦思忖：是不是阳桃枝蔓经过在泥石流中的长时间的撞击，正在向外渗出一些滑腻的汁液起的作用？蔡伦让工匠采集来阳桃枝蔓，捣烂取汁，直接掺入抄纸池，或者盛在盆里碗里，只需抄纸时在帘框上抹一点儿，果然收到便于揭取纸页的功效。后来，纸匠们将抄纸时使用的阳桃汁液叫作"纸药"。谁能料到大龙河的一次洪水，落在抄纸槽内的阳桃枝汁液，竟然成了两千年前蔡伦造纸的一次化学反应试验？

在洋县黄金峡，还有一个关于蔡伦分纸的传说。（洋县黄金峡贾顺成讲述）

蔡伦用楮树皮和烂麻造出了纸，可是，一摞摞的湿纸叠却怎么也揭分不开，一张张的纸片紧紧粘在一起，勉强分离，却将纸片都扯破了。怎么办呢？蔡伦在湿纸叠上的木框上多放了两块石头，将纸叠水分榨得很干。之后再去揭那纸叠，依然不奏效。正在他烦闷熬煎的时候，一片吵闹之声骤起，邻居家婆媳不和，婆婆追打媳妇，媳妇慌不择路，跳上作坊的纸摞。婆婆一把抓住了她，猛地一搡，媳妇被搡得身子旋了两圈。蔡伦赶紧过来劝说，把婆媳说和之后，纸摞已经被踩踏得不成样子了。蔡伦非常心痛，上前将纸叠整理抚平。纸叠边由原来的齐整端正变得参差不齐，上面留有那媳妇旋踩过的一些脚印。蔡伦马上想到那媳妇旋转脚的动作，粘得牢牢的纸叠经过她的几个动作变得松动起来，而纸叠一松动，纸片自然好揭。蔡伦赶紧去揭那纸叠，一连揭了八九张，都没有扯破。他急忙唤回正往家走的婆媳俩，感激地对她们说："今天我要奖赏你们哩……"蔡伦让工匠们用木头做成揭纸用的"开子"，揭纸之前只需要将开子在纸叠正面蹭上几蹭，纸叠便很容易地被揭离开了。"开子"从东汉一直沿用到今天，成为蔡伦造纸术中一件重要工具。在龙亭周边的黄金峡、黄家营一带，传统晒纸的工匠们的标配是，一手执开子，一手执刷子，将湿纸从纸叠上分离，然后贴到焙墙上去。在纸坊，开子实在是微不足道，然而就是这样不起眼的工具，竟然在造纸工艺流程中不可或缺。

类似的故事还有一个，故事的名字叫"猪拱鸡鹐（qiɑn）"。（洋县龙亭街村郭普天讲述、段继刚整理）

龙亭铺附近有座观纸山，也叫晾纸山。这是一个小山丘，地势平缓，绿草如茵，细密的巴里草（结缕草）株连成片，蔡伦曾在这里造过纸。当时，分离纸页的纸药还没有寻找出来，抄出的湿纸成叠后，要想揭分，稍不小心就扯破了。为了解决这个难题，蔡伦让工匠们做出许多抄纸帘框，抄一张用一个，这挺管用，却不方便。后来，在抄出的纸片之间加一张麻布，然后榨去水分，逐张分离，这样就方便多了。然而，这样做花费太大，哪儿来那么多麻布呢？一日，一摞纸叠在观纸山晾晒，蔡伦瞅着那厚厚的纸叠发愣。突然，造纸作坊的篱笆门被撞开了，一只老母猪领着猪仔觅食来了，后面紧跟着许多只鸡也闯了进来。工匠驱赶畜禽，但为时已晚，纸叠被猪拱倒了，变得松散起来。猪嘴、猪鼻上的麸皮糠渣粘到纸边上，鸡便用尖硬的喙去鹐纸边上的食物，有几张纸被掀了起来。蔡伦和工匠们目睹这一情景，深受启发。咱们也可以用人为的法子让纸叠松动呀！就是这样，一惊一乍中，思绪飘荡。

蔡伦分纸的故事不仅有如上两个版本，在阳庄河，还有另外一个传说。（洋县槐树关镇董存祥讲述、段继刚整理）

　　阳庄河一带，历史上有十余座造纸作坊。说是有一天，蔡伦在龙亭的纸槽舀纸，纸工说，总是揭不开，勉强揭，扯烂了，舀这么多纸沓沓做什么？"蔡公爷"安慰众人："慢慢来，办法总是人想出来的。"这时，一头散放的母猪闯了进来，东嗅西嗅，那个发牢骚的纸工说，这里只有嚼不动的纸，哪里有吃的，快出去逛去！母猪一点儿也不听话，猛地一拱，将纸沓沓拱得翻了几个筋斗；纸工们连忙放好纸沓，已分不清哪儿是"底"，哪儿是"面"了。这时，蔡伦上前试着揭了一下，没想到，这张纸很顺利地离开了纸沓，纸片完好揭开。他很奇怪：这是为啥？仔细一看才明白了。原来，纸沓被翻了个底朝天，他是从背面揭分的，从背面能将纸揭开！这一发现非同小可，揭分纸页的难题终于解开了。蔡伦高兴得一宿没睡好觉，令他伤脑筋的事总算有了眉目。如今，在洋县槐树关镇阳庄河乡，纸工们依然保持着这个习惯，要将抄出的湿纸沓颠倒过来。纸匠们说，这是向祖师爷蔡伦学的。

　　尽管我们在纸坊体验过古法造纸所有的工艺流程，但真正细致入微的体验，却是在龙亭听过蔡伦揭纸的故事之后。纸工的每一个细小的举动，都会成为一个深藏不露的造纸秘诀。

工艺流程之八——透火焙干

　　这道工序，包括烘帖、牵纸、焙纸等三个环节。

　　烘帖：压榨完成之后，大多数手工纸直接进入揭纸程序，只有宣纸会进行烘帖。烘帖就是将压榨后的大纸饼搁在火边烤一烤，达到一定的干度后再浇上热水。通过烘烤和淋热水的作用，促使纸药受热分解，以改善纸张的性能，尤其是宣纸，需要柔软度和润墨性。在宣纸的工艺理论当中，阳桃藤汁的"胶性"是不利于宣纸的质感和笔墨特性的，需要在烘帖的环节将其去除。淋过热水的纸饼达到必要的干度，就可以进行后续的牵晒（纸工晒纸术语，牵，意为牵引，将晒纸形象为牵牛、牵羊）了。

牵纸：又叫揭纸、揭分、分纸，是将压榨或淋洗之后的湿纸饼一张张揭分开来的过程。湿纸页的揭分是手工造纸当中极具观赏性的环节，压得那么瓷实的大纸饼能够一张张完整地揭开，如魔术一般神奇。能实现这一效果，一方面要归功于纸药的隔离作用，另一方面则是因为纸页之间的纤维本就互不交织，满足揭分的条件。湿纸饼在揭分时不仅要干湿适中，使纸页具备一定强度，还需要进行必要的处理，让纸饼变得疏松。宣纸的揭分，一般是鞭帖，也叫做帖，也有地方叫松纸。鞭帖就是用大竹片抽打纸饼，使其内部松弛，然后再用工具划弄纸饼周围，使纸边变得疏松，易于分离。比鞭帖和做帖更有趣和原始的，就是将湿纸饼前后左右一通揉，让纸页彼此分离，直至一张张自然分开。手工纸在揭分时强调特定的方向，必须从湿纸叠的某一个角朝着对角方向，才能顺利揭开，选错了角是揭不开的。

牵纸最重要的因素是人，这是一项依靠经验和耐心的工序。要把薄如蝉翼的湿纸页一张张完整地揭开，不是任何人都能做到的，稍有不慎就可能将纸页揭破。干这活儿不能有半点急躁，在不少地方牵纸和晒纸常由女工担任，她们会更有耐心。

焙纸：纸页揭开之后便进入焙纸工序，将其粘贴到纸焙上加热烘干。纸焙也称火墙、烘墙、焙笼，就是一堵两面光滑、中空可加热的墙。揭分之后软塌塌吹弹可破的湿纸页，小心地将其覆于墙面，用松毛刷刷平整，跟墙面黏附紧实。这一动作必须麻利迅速，趁纸页略湿时，尽快紧粘在纸焙上。否则经过加热后纸页略干，基本就粘不上去了，即便暂时粘上，烘干过程中也很容易因为应力的拉扯而起焙，引起纸张收缩皱皱。

从材质上看，纸焙主要有两种：土焙和铁焙（钢焙）。土焙比较传统，使用砖、泥、竹木等材料砌成的中空土墙，表面以三合土（也有用水泥）、桐油甚至是鸡蛋清等材料涂饰平整光滑，一头烧火，热气行于墙中，将墙面加热焙纸。

土焙的结构和建造过程，根据加热方式不同，可以分为闭焙和涌焙。随着人们对于效率的追求，许多纸坊逐渐放弃传统的土焙，改用更加便捷高效的钢焙。用钢板替代泥土结构的墙面，中间以热水加热。钢焙不仅可以达到更高的温度，导热性也更好，湿纸干得快，晒纸的效率大大提高。钢焙虽然提高了焙纸的效率，但高温快速干燥也带来了质感上的问题。不少使用者认为高温快干的纸张"火气"较大，不如低温慢干的纸张"润"。产生这一差异的原因，是由于慢干过程中纸张纤维有充足的时间调整结构，改善彼此之间的应力。

焙纸在很多地方也叫晒纸，北方一些产区较为多见。将揭开的湿纸页直接贴到室外的墙壁上，只要光滑平整能贴上湿纸就行。经过一晌半晌，纸

蔡伦纸文化博物馆内，师傅在给参观的孩子们表演晒纸　张锋/摄

页被晒干或是自然风干，就可以揭下来了。虽然效率不如纸焙，但村子里墙多的是，用劲贴就行了。这种自然晾干的纸张虽然大多较为粗陋原始，但也有其优势。由于干燥过程相对缓慢，纸张的内部应力和伸缩性较小，"火气"和"燥性"没有那么明显。

干燥后的纸样从纸焙上揭下，一张成型的手工纸就这样诞生了。由于跟纸焙接触的纸面常常较为平滑，朝外的一面则因松毛刷的刷按留下一些刷纹，形成了手工纸正反两面明显的差别。手工纸两面的不同，并非焙纸一个环节的影响，在荡帘时，湿纸页上下两面的差异已经形成。由于粗细纤维在滤水时的沉积速度不同，加之上下两面细小纤维的流失差异，贴着纸帘的一侧粗长纤维较多，略微粗糙，朝上的一侧则保留更多细小纤维，相对平滑细腻。有经验的使用者根据成纸两面不同的手感，以及背面明显的刷痕，即可判断纸张的正反面。两侧质感的细微差异在笔墨效果上也会有些许不同，反面在特定条件下会呈现出明暗相间的帘纹。

通过民间传说，会对焙纸环节有更深入的理解。在洋县华阳镇红石窑村，就有这方面的民间故事。（洋县华阳镇红石窑村冯振全讲述、段继刚整理）

> 北宋赵匡胤做皇帝的时候，华阳深山，茂林修竹，竹纸作坊星罗棋布。一日，华阳石板垭造纸作坊来了一位又瘸又脏、衣衫褴褛的老头儿。老头儿看着制浆工匠撂脚板（龙亭方言，即踩纸浆），便上前搭话。踩浆工热情地招呼老头儿喝茶，并递过烟袋。老头看到未蒸煮烂的竹篾片不时戳得工匠的脚底板鲜血流淌，便耐心地给踩浆工指点了踩制皇浆（纸浆，当地人在浆、纸及造纸工具前都冠以"皇"字）的技巧。他笑着对正在踩浆的工匠说："踩千脚，踩万脚，篾条不扎你的脚。"工匠们见是同行老前辈指教，很是感激，对老头儿的殷勤招待自不必说。老头儿又踱到焙

纸作坊，见焙纸工手提湿纸的一角，艰难地往焙纸墙上粘贴。老头儿见到焙纸工那吃力的样子，正待开口指点，不料，有张纸从一位焙纸工手中滑落下来。焙纸工正在苦恼之际，扭头见身后一位衣衫不整、蓬头垢面的老头儿冲着他笑，不由发作："哪里来的叫花子，讨饭都没有地方？想吃纸吗？"随即将那张跌落在地的纸揉作一团向老头儿扔来。老头儿心痛地嘟哝着："罪过，罪过。"将那团纸拾起，展开，抚平，提起纸角猛吹一口气，这张湿纸便忽地贴到墙上了，端正，平展，鲜亮。老头临走，冲着焙纸工说："哎，七十二道手，上前吹一口！"说完便蹒跚着步子，头也不回地走了。焙纸工们不约而同地凑在一块儿细看老头儿焙的那张纸，这才晓得他是位焙纸能手。急忙赶出门请教，老头儿早已走得无影无踪了。后来，才弄清那是蔡伦的养子——古龙亭县张县令之子的后代。踩浆工从此再无脚伤之苦，焙纸工也有了标配动作——一手提纸角，一手提棕刷，腿面托纸，粘贴、吹气、挥棕刷。飘忽不定、非常难侍弄、非常难上手的湿纸，经焙纸工的手一气呵成，妥妥地熨帖在焙纸墙上。

面对这一道道造纸工序，假若你没有亲临其境，就无法感受纸工操劳的勤苦与艰难，更无法想象在纸匠们看似轻松实则沉重的劳动里，竟然有这么多的思维和体力与各种无法想象的困难较量。"七十二道小工序"，这话可不是无稽之谈。试想一下，人要是像机器一样准确地完成一个个纷繁复杂的难以把控的动作，让这些动作连接成一个完整的链条，年年月月如此，何其难也！只有在纸匠们工作的现场，在他们的身边，亲眼看见了他们的一举一动，才能了解他们劳作的每一个细微的环节，是怎样的用心良苦。笔者在作坊里待得越久，越是对他们倍生怜惜，倍生敬佩之情……

蔡伦造纸故事的形成和影响

洋县蔡伦造纸的故事传说长达 1900 多年，几乎每一个故事都涉及了造纸的实验和技术问题，传说中的挫、捣、抄、焙等技术环节依然是古法造纸和当今大机器生产纸的基本环节。

蔡伦造纸的故事传说，可追溯至东汉时期。由于皇帝下诏表彰，朝野震动，再加上造纸术的广泛推广，随之伴生的蔡伦在龙亭造纸的许多故事传说也由当地民众口口相传，一直保留到今日。在龙亭及县域内的不少地方，有许多以蔡伦造纸法进行生产的民间楮纸、龙须草纸、竹纸的作坊和遗址，这些作坊和遗址，几乎都有一些相关的传说故事。

蔡伦发明造纸术和植物纤维纸的事迹在东汉的官修史书《东观汉记》及南朝宋人范晔《后汉书》中均有明确记载。作为蔡伦造纸实验地的龙亭，蔡伦发明的造纸术首先在当地被推广，普遍使用。洋县龙亭在中华造纸史中的这段佳话，地方的石碑、方志都有记载。南宋曾两次任洋州（辖龙亭）知州的开国侯杨从仪在《汉龙亭侯神道碑》中写道："汉龙亭侯蔡伦食邑于此，卒遂葬焉。"又说："侯（龙亭侯蔡伦）造纸厥始于此，故洋人（今龙亭所在地洋州人）造纸得传。"他还在碑文中赞扬说："侯有功德于民，……纵民辟野，樵采营纸，纸业增而田业广。"明代曾任过户部主事的洋县县令刘溪在《汉龙亭侯墓碑》中写道："侯造纸厥始于此，其利几遍八方，即世世昌之。"明万历三十一年（1603），曾任汉中府事的杨明盛所撰《汉龙亭侯蔡伦墓碑》载："侯封于斯（龙亭）植于斯，当时爵于斯。"清康熙三十三年（1694），洋县知事邹溶在龙亭蔡伦墓前石碑上撰文也说："汉龙亭侯蔡伦食邑于此，卒遂葬焉。古者书籍皆木版竹简，侯始造纸，天下后世利赖无穷。"还有一些碑文记载了蔡伦的生前轶事：蔡伦以前来过龙亭，晚年又来到龙亭"就国"（国即封地，蔡伦于公元 114 年被封为龙亭侯），为他进一步推广造纸提供了可能。"就国"期间，蔡伦组织龙亭邑民开垦荒地，"采楮营纸"，推广造纸，并立故龙亭县县令之子为养子（名蔡兴），蔡氏谱系得以延续，蔡伦造纸法得以以直系传人的形式传承下来。

龙亭区域内现有许多蔡伦时代的东汉造纸作坊遗址，如蔡伦墓东北 30 多米处有东汉造纸作坊遗址一处，蔡伦墓以东 500 米处有晾纸山作坊遗址，另有龙溪河边的母猪滩造纸作坊遗址、月牙池造纸作坊遗址和楮树湾原料基地遗址、王坎石灰窑遗址等。还留存有汉代造纸用的石臼和大铁锅。汉代的楮皮纸制作之地，西面主要有纸坊乡、纸坊街，北面主要有华阳中坝大湾、华阳红石窑村、茅坪南村坝，东北面主要有阳庄河街村、阳庄阳西沟、阳庄河高桥村、阳庄河宋家堰村、阳庄河月蔡村、阳庄河白岩沟村，东面主要有秧田铁佛寺村。

魏晋以后，县域内的许多地方就地取材，循着蔡侯纸的制作方法，制作竹纸和龙须草毛边纸。当时比较著名的竹纸造纸之地，在县城北部山区华阳汉坝东坪、华阳大古坪、窑坪，在东北部山区的阳庄河宋家堰，另有东部山区黄家营、黄金峡新铺街、黄金峡郏沟的龙须草毛边纸作坊和南部山区沙溪的稻草纸作坊等。

关于蔡伦造纸的民间传说故事，从一个侧面反映了历史的真实，与史书、石碑、其他资料记载有许多吻合之处。而且，这些传说故事中的挫、捣、抄、焙等几个技术环节，依然是今天工业造纸的基本技术工序。这些传说故事既记录了历史，又预见了未来，从这种意义来讲，它已经被赋予了一般民间文学所不具备的价值，成为研究古代造纸科学史最切实的资料。

第三章
镇巴，传奇与隐秘

这里是重峦叠嶂的大巴山腹地，河流较多，水质清冽，造纸原料丰富，传统造纸已有 1500 多年历史。这里是陕西生产传统手工纸品种最多的地方，也是陕西少见的既用树皮也用竹子作为造纸原料的地方。

镇巴西河巴庙镇吊钟岩村传统火纸作坊，以水为动力粉碎竹子的水碓坊
石宝琇/摄

镇巴纸情

镇巴县是陕西省汉中市的属地。汉中自古就有"天府之国"的美誉，是地球上同纬度生态最好的地方。这片被巍峨秦岭和苍莽巴山环绕的盆地，被长江两大支流汉江与嘉陵江滋养的秀土，虽然位于中国西部，但却拥有与江南同样富饶美丽的秀色，是一处得南北之利、兼南北之美的风水宝地。它既有盆地的物华，又有山区的天宝，因为它的北界是秦岭主脊，南界是大巴山主脊，东与本省安康地区相接，西与甘肃省陇南市接壤，山区面积很大。这样，造纸的自然环境就是得天独厚的了。过去，传统手工纸盛行，汉中的每一个县几乎都有造纸作坊，尤其是洋县、略阳、留坝、镇巴等县，造纸业很是兴盛。在相当漫长的历史岁月，这里的纸匠代代相传，以这个稳当的手艺来养家糊口。在大山深处，一条河的塄畔上，附近是成片的可供造纸的树木或竹林，也有生产石灰的原料——石头，可谓有水、有木、有竹、有石，再加上人的辛劳，简易的柴草棚子一搭，造纸作坊就开张了。有的作坊还能听见流水冲打水轮的哗哗声，利用水的力量带动木槌，节奏匀称地在打浆。当然，造纸的工艺是一门很讲究的技术活，拜师、学艺、熬活，还要顾及销路，同行要结帮搭伙，还要和地方官府、走江湖的拉扯，大山里的造纸行道和社会上别的行业一样，也有复杂的经营套路和鲜明的时代与地域特色。

近些年，汉中的传统造纸县份所剩无几，镇巴县的传统造纸却持久地坚持下来，成为汉中的一个亮点。镇巴县位于陕西省南端，汉中市东南隅，大巴山西部，米仓山东段。这里是重峦叠嶂的大巴山腹地，河流较多，水质清冽，造纸原料丰富，传统造纸已有1500多年历史。这里是陕西生产传统手工纸品种最多的地方，也是陕西少见的既用楮树皮也用竹子作为造纸原料的地方。中华人民共和国成立后至今，比较常见的是皮纸、毛边纸、火纸、麻纸、宣纸。在陕西，作为县办的手工造纸厂，1950年，镇巴县第一个，也是唯一的一家宣告成立了，当时叫皮纸厂。1984年，镇巴皮纸厂造出了符合国家统一规格的宣纸，改名为镇巴宣纸厂。由于工业造纸的冲击，尤其是宣纸的故乡——安徽等地宣纸的市场覆盖面不断扩大，加之别的种种原因，厂子一度陷入瘫痪状态。后来，一个能人胡明富上任，他殚精竭虑，大刀阔斧，重振雄风，开创了一条比较广阔的路径。他的公司生产的宣纸，最负盛名的品牌是汉中宣纸，最近几年流行的是"秦宝牌"宣纸系列。它在全国手工纸行业的地位，是名列前茅的。如今，镇巴还有一些规模很小的古老纸坊在开张，还保留着比较原始的生产经营状态，值得我们去探究、去关注。

镇巴楮河造纸所用的楮树皮　程江莉/摄

胡氏造纸传承

胡明富出生在造纸世家，历经七代，可谓瓜瓞绵绵。

胡氏宣纸工艺第一代传人为胡明富的高祖胡仕辅（1836—1901），从第一代到第三代，胡氏宣纸工艺尚未走出祖籍四川宣汉县胡家镇胡家塘，随着三代传人的实践、摸索、总结，胡氏宣纸制作工艺日臻成熟。到了胡子发、胡子成、胡子孝第四代传人这里，胡氏宣纸工艺开始走出四川宣汉，在陕西省镇巴县观音镇田坝村扎根，并发展至如今的第八代传人，这一阶段是胡氏造纸工艺的鼎盛辉煌期。譬如清末，胡明富的祖父胡子成就是著名纸匠，在巴庙镇吊钟岩村土法造纸曾名噪一时。胡明富的父亲胡庆章子承父业也是著名纸匠，中华人民共和国成立后，镇巴县皮纸厂第一任厂长就是胡明富的父亲胡庆章。中华人民共和国成立前，胡氏家族就传承着古老的造纸工艺，所带徒弟分布于镇巴各个角落，影响深远。

胡明富还是小孩子时就在造纸的现场玩耍，8岁时看父亲用木碓砸碎原料，趁父亲休息时，他找弟弟也去仿做，不小心将大拇指砸在碓里面了，半月疼痛难忍。10岁时看父亲抄纸，又利用父亲休息时去效仿，端纸时不小心将上半截身体扎进槽坑纸浆水里面，一个人艰难地在里面挣扎，父亲发现后拽着他的腿，把他从槽坑扯出来。15岁时，将皮料放进锅里加生石灰煮，装料时不小心一只脚滑进锅内，造成烫伤，一个月无法活动。他经常给父亲当帮手，耳濡目染，喜欢钻研，15岁时已熟练掌握十多道工序的技术，可以独立完成从采集原料到打理纸张的技艺了。观音镇学堂垭地处楮河岸边，家庭造纸作坊遍布四野。他自幼生活在这样的环境中，长期与纸匠们相处，他是个有心人，注意学习各家的长处，眼界宽广，比他的祖辈的手艺更加精湛。

在胡明富老家学堂垭，在遗留下来的老屋旧址前面，我们见到了胡氏祖辈用过的抄纸槽。同时，我们也在这里看到了胡氏造纸的渊源线索。胡

镇巴县观音镇田坝村土纸作坊处于植被
茂密的大山深处　石宝琇/摄

原创文明中的陕西民间世界

造纸

明富用手指着附近一片苍翠的竹林，告诉我们，这片茂林修竹的背后，过去还有几家楮皮纸作坊。

祖祖辈辈都是纸匠的胡明富，又将宣纸工艺传给第七代——儿子胡贵军、女儿胡桂琴。胡明富祖上造纸原料多为楮皮，造得最好的纸是制伞用的油伞纸（专供汉中市伞铺街伞匠用）、作账册的金山纸。胡明富的父亲胡庆章就是手艺超群的纸匠。镇巴皮纸厂是镇巴宣纸厂的前身，该厂除生产油伞纸、金山纸外，还生产毛边纸、皮纸、火纸。胡明富老屋前的抄纸槽，石砌的池壁爬满青苔，池底储存的雨水泛出深绿色的光晕。站在抄纸槽旁，我们仍然能想象到帘床在抄纸池里与水激荡的景象。

1977 年，胡明富被招入镇巴县皮纸社，担任技术员。20 世纪 80 年代，随着镇巴县皮纸厂改为宣纸厂，陕西境内第一家宣纸厂的出现，胡氏宣纸

陕西省省级造纸非遗传承人胡明富　石宝琇/摄

镇巴县观音镇学堂垭是胡氏宣纸土纸的发源地　王钧/摄

工艺才出现了历史转机。宣纸厂规模小，纸张规格小，经营困难。1996年，镇巴宣纸厂改企业为股份制，将厂名更换为镇巴县秦宝宣纸有限责任公司，胡明富出任董事长兼总经理。他临危受命，千方百计筹措资金，将141名职工平稳安置到位，经过产业调整，资金积累，重新启动宣纸生产。他具有长远眼光，利用5年时间，在简池镇、观音镇、兴隆镇、巴庙镇、渔渡镇等地建了万亩青檀林基地。他又在技术革新方面狠下功夫，适应新的形势，利用先进设备，创造宣纸使用新型专利技术2个，发明专利5项。镇巴宣纸先后获得陕西省"旅游优质产品"称号、"秦俑杯"国际书画大赛优质产品"金杯奖"、中国旅游观光购物节"天马"银奖、中国西部技术交易

造 纸

镇巴县胡氏造纸　捣碎青檀树皮的工序——踏碓　胡明富/供图

会"金奖"、中国杨凌农业高新科技成果博览会"后稷金像奖",被日商誉为"宣纸之王"。镇巴宣纸在宣纸同行业全国质量抽检中获得外在指标第二名、内在指标第一名的殊荣。所产"秦宝"棉料、净皮、特种净皮出口日本、韩国、马来西亚、澳大利亚、新加坡等地区,成为西北地区唯一生产宣纸的股份制企业。他花费数百万元,建立了一套污水处理系统,效果显著。

胡明富不仅是陕西省非物质文化遗产宣纸制造传承人,还是一位文化素养深厚的人，对于镇巴宣纸的制作工艺，以及镇巴宣纸的特点，他创作一首旧体诗概括：

> 巴山汉水酿奇品，秦宝宣纸性恒真。
>
> 檀皮燎草精选料，蒸锤捞晒几艰辛。
>
> 洁白绵韧似锦帛，托墨耐皴层次深。
>
> 勾画点染皆相宜，干湿浓淡可随心。
>
> 丹青妙手任性写，书画方家笔传神。
>
> 艺苑名士齐称赞，倾倒天下弄墨人。

苍翠的青檀树

青檀皮制作宣纸，一直有个流传至今的传说：东汉安帝建光元年（121），蔡伦死后，他的弟子孔丹在皖南以造纸为业，很想造出一种世上最好的纸，为师傅画像修谱，以表怀念之情。但年复一年难以如愿。一天，孔丹偶见一棵古老的青檀树倒在溪边。由于终年日晒水洗，树皮已腐烂变白，露出一缕缕修长洁净的纤维。孔丹灵机一动，取之造纸，经过反复试验，终于造出一种质地绝妙的纸来，这便是后来有名的宣纸。宣纸中有一种名叫"四尺丹"的，就是为了纪念孔丹命名的。

青檀为榆科青檀属落叶乔木，别名：檀，檀树，翼朴，摇钱树，青壳椰树，高可达 20 米，是中国特有的濒危单型属植物，在我国已有 2000 多年的栽培历史，古人将青檀视为辟邪之树。青檀的茎皮、枝皮纤维长宽比例佳、规整度好，为制造书画宣纸绝优原料。

用青檀皮制造出来的宣纸，吸附性强，不易变形，抗老化，防虫蛀，寿命长，使纸张具有薄、轻、软、韧、细、白六大特点。有助于书画家在书画创作时，达到浓淡多变，增加吸墨性的特殊风格。自明以来的名人字画、历史文献等，凡用宣纸书写、印刷、摹拓者，都保存完好，一直善传至今，

青檀树叶　张锋/摄

故宣纸素有"纸寿千年、墨韵万变"之盛誉而驰名中外，所有这一切，都与宣纸的原料以青檀皮为主料分不开。

青檀在我国温带和亚热带地区广泛分布，相对集中于华北、华中、华东各地，广西和粤北也有分布。北京市的密云区，唐朝称檀州，盛产檀树。安徽泾县一带盛产青檀。山西大同西南三楼乡牛邦口、花塔西村附近有面积达 0.9 万亩的青檀自然保护区。在四川康定海拔 1700 米也有分布。在山东大多分布于山地和溪谷之中。在陕西境内，安康市石泉县曾溪镇油坊湾村三组魏家老院子有青檀树；在周至县楼观台和鄂邑区化羊庙发现三株青檀古树；在汉中市镇巴县巴庙镇孔家梁罗家湾龙王庙有一株 2000 年、根部直径达 2.1 米的青檀树。

由于青檀树受生物学特性和人为干扰（尤其是人为大量砍伐）双重影响，青檀野生资源种群分布面积和数量不断减少，现已被列为国家级珍稀

镇巴县楮河岸边的青檀树　赵亚梅/摄

濒危树木及Ⅲ级重点保护植物。

青檀树，乔木，高达 20 米或 20 米以上，胸径达 70 厘米或 1 米以上；树皮灰色或深灰色，不规则的长片状剥落；小枝黄绿色，干时变栗褐色，疏被短柔毛，后渐脱落，皮孔明显，椭圆形或近圆形；冬芽卵形。叶纸质，宽卵形至长卵形，长 3—10 厘米，宽 2—5 厘米，先端渐尖至尾渐尖，基部不对称，楔形、圆形或截形，边缘有不整齐的锯齿，基部 3 出脉，侧出的一对近直伸达叶的上部，侧脉 4—6 对，叶面绿，幼时被短硬毛，后脱落常残留有圆点，光滑或稍粗糙，叶背淡绿，在脉上有稀疏的或较密的短柔毛，脉腋有簇毛，其余近光滑无毛；叶柄长 5—15 毫米，被短柔毛。翅果状坚果近圆形或近四方形，直径 10—17 毫米，黄绿色或黄褐色，翅宽，稍带木质，有放射线条纹，下端截形或浅心形，顶端有凹缺，果实外面无毛或多少被曲柔毛，常有不规则的皱纹，有时具耳状附属物，具宿存的花柱和花被，果梗纤细，长 1—2 厘米，被短柔毛。种子天然繁殖力较弱。花期 4—5 月，果 8—9 月成熟。常生于山谷溪边石灰岩山地疏林中。

青檀是宣纸不可或缺的原料来源，对中国书画的影响举足轻重，在许多书画大家的心目中，青檀树已成为中国文化乃至中华文明的符号之一。

纸　药

纸药的发明

纸药的记载目前所知最早见于南宋周密的《癸辛杂识》："凡撩纸，必用黄蜀葵梗叶新捣，方可以撩，无则占粘不可以揭。如无黄葵，则用杨桃藤、槿叶、野葡萄皆可，但取其不粘也。"造纸术发明于东汉，纸药的记载则到南宋才有，中间隔了 1000 多年，关于纸药的起源就成了造纸史中的一桩悬案。

不同的专家学者对这个问题的看法也不尽相同，主要有两类意见：以著名纸史专家荣元恺先生及日本学者山下寅次教授为代表的一部分学者认为纸药应起源于东汉，属于蔡伦发明造纸术的一部分。这一论点主要有三方面的证据：从现存的有关实物和史料记载来看，蔡伦时代以长纤维的麻和树皮为原料造纸，如果不添加纸药，纤维悬浮性较差，很难抄出均匀的纸页来。另外在 1901 年奥地利人威斯纳化验斯坦因在新疆发掘的中国唐代文书用纸时，发现纸中含有从地衣中提取的胶黏物质；钱存训先生也曾提到新疆发现的晋代古纸中含有地衣成分；斯文赫定和奥瑞斯坦的研究报告中亦有类似的表述。再者，中国的造纸术在晋代传入朝鲜半岛，又在公元 610 年由朝鲜僧人昙征传入日本，而据日本学者考证，和纸以黄蜀葵作为纸药已有 1200 多年历史，至少在奈良时代北海道地区就已种植从中国引入的黄蜀葵供造纸所用。另一派的观点以著名纸史专家潘吉星、方晓阳、樊嘉禄等科技史领域的专家为代表，认为纸药的发明应该在北宋或南宋时

镇巴楮河观音镇田坝村造纸　添加"纸药"（猕猴桃枝汁液）　程江莉/摄

期。主要依据也有三点：一是宋代以来皮纸技术的成熟以及竹纸技术的大发展很可能跟纸药的使用有很大的关系。二是撒马尔罕战役之后造纸术西传，但纸药却并没有一块传出去，表明当时可能还没发明纸药。三是目前所有的手工纸产区当中，的确有不使用纸药的案例，如果造纸术发明伊始就包括纸药，大家应该都用才对。

两方面的观点都有一定的道理，当然也有一些值得商榷之处。譬如有学者指出新疆古纸中的地衣成分很可能是跟淀粉功能类似的施胶剂，和纸使用黄蜀葵也可能是后来才从中国引入。另一方面也有学者认为西传的造纸术可能源自不用纸药的产区，或者是撒马尔罕一带当时没有合适的纸药植物，导致相关技术在传播中遗失。

纸药的作用

悬浮剂。纸药添加到浆料当中，最明显的作用就是能够使纤维在水中均匀悬浮，不至于快速絮凝和沉降。在抄纸之前，常常需要通过划槽将纸浆搅拌均匀，这样才能抄出平滑匀整的纸页，如果不加纸药，纤维很快又会絮凝沉淀，需要不断地划槽搅拌才能维持浆料均匀的状态。纸药的加入使纤维在水中能够更长时间地保持均匀悬浮，有利于抄纸工作的顺畅进行。尤其是一些长纤维和比重较大的韧皮纤维，如果不添加纸药极易发生絮聚和沉淀，很难抄成均匀的纸页。另外由于纸药提供的黏性，延长了浆料在竹帘上的滤水时间，便于抄纸时打浪的操作，使纤维均匀分布。

揭分剂。纸药的另一个重要的作用就在于湿纸叠在经过压榨脱水变成大纸饼之后，还能一张张揭开，互相不致粘连。由于抄成的湿纸页是一张张摞在一起，上下纸页之间原本就少有纤维交织，这是手工纸能够揭分的重要原因。富阳的元书纸不加纸药也能揭开，正是这个缘故。只不过在添加纸药以后，又大大提升了纸页的揭分性能，尤其是对一些长纤维的纸张而言，这一作用更为明显。如果不加纸药或者纸药的浓度不够，一些长纤维纸张很难顺利揭分。由于纸药技术并没有西传进入欧洲，欧洲的手工纸在后来跟中国手工纸呈现出完全不同的发展状态。纸药的加入使得中国手工纸能够越做越薄，乃至薄如蝉翼；而欧洲手工纸却越来越厚。由于没有纸药这种高科技，他们抄出的湿纸页必须用毛毡或厚布一张张隔开，显得烦琐而低效。

承压。也有一些学者发现添加纸药的纸张在压榨过程中具备更好的承压性能，不至于被压花压溃，这一特性可能跟黏性的纸药所提供的湿强度有关。当然，如果湿强度的说法成立，那较好的湿强度同样也会使揭分更加容易，说来说去这些属性都是相辅相成的。

水解。除了前面提到的功能以外，纸药还有一项重要的特性，即在加热之后能够分解，准确说应该是水解。这一过程体现在两个方面：一方面一些黏性较高的纸药如冬青、山胡椒叶必须经过水煮以降低黏性才能适于

镇巴楮河观音镇田坝村造纸——覆帘压纸　程江莉/摄

抄纸。另一方面在纸饼榨干后，经过烘烤及淋热水（宣纸的套路）等操作能够使纸药失效；或是在湿纸页上墙焙干的过程中，纸药黏性自动消失。最后的目的都是避免纸药残留对纸张墨色的负面影响。

纸药的种类

各个产区纸药的种类纷繁多样，使用部位不尽相同。即便是同一家纸坊，也常常会随季节选用不同的植物制作纸药。有学者做过统计，叫得出名字的至少就有三四十种，叫不上名字的就更多了。由于纸药具有很强的地方性，土名字不少，譬如最常见的猕猴桃藤，一些地方称阳桃藤，还有地方叫毛冬瓜，单把纸药的问题统计清楚，就不是件容易的事。

阳桃藤、毛冬瓜：一般是采野生的中华猕猴桃的两年生鲜茎，经切断、捶捣、水浸得其汁液，采集期约为 10 月到次年 4 月。由于久存会使黏性下降，一般现采现用，即便沙埋保鲜也不宜超过一月。阳桃藤汁常被认为是抄制宣纸最好的纸药，黏性适中，利于墨色。不过由于资源有限，并非所有的宣纸都用这个，仅是一些高端品种和古法宣纸才可能真拿这个抄纸。其他产区也有使用阳桃藤的，像江浙、铅山、浏阳有时也用，毛冬瓜就是铅山一带的叫法。

黄蜀葵为锦葵科一年生草本植物，跟很多人喜欢吃的秋葵是近亲，富含黏滑的汁液。一般在秋冬季节挖黄蜀葵的块根，捶破切碎后用水浸出汁液抄纸。黄蜀葵用作纸药的历史非常悠久，《癸辛杂识》所载即为黄蜀葵，不过捣的是其梗叶。由于黄蜀葵受季节限制较大，国内使用范围并不特别广泛，朝鲜及日本使用黄蜀葵较多。

冬青叶：包括毛冬青、铁冬青叶，一些地方称之为蓝叶、楠叶、椰叶，在福建、湖南等地使用较多。采其叶片用水煎煮，然后去掉上层绿色组织，将肉质层捣碎滤出黏液抄纸。

铁坚杉根：为松科铁坚油杉的根部，松柏类还有一种三尖杉也可用作纸药，都是取新鲜根部捶捣水浸，制取汁液抄纸。由于铁坚油杉的根比较粗壮，如山药一般，江西铅山一带常称其为"水卵虫"。

仙人掌汁：在西南地区使用较多，一般是采野生仙人掌的掌状茎干，经捣捣后水浸制取汁液，加入纸槽当中混匀抄纸，云南的腾冲纸即以仙人掌汁作为纸药。

聚丙烯酰胺：又叫合成纸药、化学纸药。由于天然纸药大多都存在季节限制以及难以保鲜的问题，部分纸药在使用时还需加热水解，制取过程较为复杂，供应量和质量稳定性都无法有效保证，寻找合适的替代品成为大规模生产必须解决的问题。20世纪50年代，日本学者试制出第一代合成纸药——聚氧化乙烯，这东西效果不错，但存在一个问题，容易起泡沫，影响抄纸质量。后来又开发出了聚丙烯酰胺，其中阳离子型的聚丙烯酰胺在现代造纸中常被用作增强剂和助流助滤剂，而阴离子型的聚丙烯酰胺由于能使纤维悬浮，可以代替植物纸药用于手工纸的抄制。目前市场上大多数书画纸、常规宣纸和其他规模化生产的手工纸，基本都用上合成纸药了，效果也挺好的，不仅能具备纸药的功能，干燥之后还能增加纸张的强度。

制作宣纸的工艺流程

檀皮、稻草的晒与蒸：青檀皮需碱水蒸煮一昼夜，再剥离檀皮；再渍灰，即浸入石灰汁；再堆积若干天；再蒸煮摊晒二次，每次约一个月，制成"燎皮"。稻草经木碓碎打；再埋浸水中一至二月；再浸入石灰汁堆积四个月；再蒸煮；再摊晒数月；再蒸煮摊晒一次，制成"燎草"。宣纸原料在山上历经日晒、雨淋、露炼，使其纤维软化，让原料中的淀粉、蛋白质等有机物消失殆尽，蛀虫不爱吃；再者，通过日光等自然漂白，没有化学漂剂催化的刺眼白，宣纸白得自然且典雅。

木碓制浆：燎皮下山后，剔除掉不合格的老皮，经历碓皮、切皮、踩料、袋料等过程。碓皮是用碓（镇巴宣纸踏碓依然沿袭古法造纸踏碓工艺工具，只是机械动力代替了人工踏碓）捶打燎皮，每一分钟要打四十几下，一张燎皮要打1000多下，燎皮的纤维在翻打过程中被打均匀；切皮是用刀子将其切成一块块的，将长纤维切成短纤维；之后放入缸内，用脚踩，即踩料，将其揉烂，目的还是均匀纤维；袋料是将其放入纱布袋中，在水池里来回搅动，原料的精华部分"纸浆"，会从纱布袋里流出来。碓好的长条皮料切碎后与草料按比例混和好，将原料装在布袋里，送到专门的池子里进行漂洗，通过布袋的细缝，在清水里反复漂洗，把一些杂质、灰尘等过滤掉。这一道工序结束后，布袋里剩下的就是洁白的纸浆了。

荡料入帘：燎皮的纤维在翻打过程中被打均匀，袋料是将其放入纱布袋中，在水池里来回搅动，原料的精华部分"纸浆"，会从纱布袋里流出。古法制宣纸是由四个打浆工人分站在一个水池的四边，一人一根棍子搅动着按照比例配好的皮料浆和草料浆，口里吆喝着动听的劳动号子。池中的

镇巴县观音镇田坝村土纸作坊的工人正在抄纸　王钧/摄

镇巴观音镇田坝村造纸坊捞大幅纸　上官瑛/摄

水浪花飞溅，中间形成一个漩涡，水池的四角不断泛着水花。就这样，浆料在欢快的劳动号子中被搅拌完成，进入下道工序。

　　捞纸：是宣纸成纸的第一道工序，纸的厚薄、大小都是由这个工序来决定，一旦成型，便无从更改了。宣纸中规格最小的也应由两人来共同操作，主角曰掌帘，配角谓抬帘。将猕猴桃藤榨成汁，放入捞纸槽中。纸帘取材自镇巴产的木竹（镇巴巴山是亚洲同类竹种最大的连片野生竹林，木竹林面积达 49.6 万亩），竹纹的纹理直，骨节长，质地疏松，易于剖成竹篾。它不易腐烂，不吃水，且价格低廉。其竹编技艺复杂，从选材到剖竹、撕篾，从绕线、编制到油漆、下架，整个竹帘的生产有 40 多道工序。大型纸张捞纸时，掌帘和抬帘的分站在纸槽的两头，抬上帘床（有的手工纸称抄纸器）就可以捞纸了。捞纸讲究"一深二浅"，还要恪守"梢手要松，额手要紧""抬帘的要活，掌帘的要稳"等技巧。

镇巴县观音镇田坝村土法造纸，一帘捞三张　上官瑛/摄

晒纸：晒纸工在高温下工作，穿得很少或是不穿衣服，自古就有"检纸的先生，捞纸匠，晒纸的伢儿不像样"之说。著名画家吴冠中先生对晒纸有着极为生动的描写："捞出的纸被积压成一筐筐白色的糕，也像一箱箱大块的豆腐，被挤尽水分，就更像豆腐了。从豆腐上灵巧揭出一片片极薄的半透明的湿纸，贴到烘干的墙面上，在挥发着蒸汽的云雾中显现出洁白平坦的真容。宣纸诞生了，这滋润、宽敞的处女地真诱人，诱惑画家和书法家们将大量乌黑的浓墨泼上去，挥毫、奔驰……"晒纸就是将一块块捞制好的纸帖经过炕帖、靠帖、架帖、浇帖后，将浇湿后的纸帖架到纸架上。润湿后的纸会放在"火墙"上，火墙让宣纸迅速烘干，同时也将捞纸过程中的猕猴桃藤汁蒸发掉，以免纸张日后发黄。宣纸的平整度就靠这几刷子，镇巴民间形容一个人有能耐，就称这人有两把刷子，"两把刷子"就是源于镇巴宣纸晒纸工。

　　检纸：检纸（又称剪纸）是宣纸的最后一道工序，所有晒好的纸张打成捆，送到检纸车间，由检纸工逐张检验。自古以来，检纸工还代办着为老板当好记账会计的责任，无怪乎业内人称"检纸的先生"。检纸的基本步骤分两步：第一步是逐张检验纸，将有瑕疵的纸张剔出来，或做上记号改成其他相近品种的纸；第二步就是将成垛的纸进行齐边，剪纸完全是一种技巧，是用手推过去的剪的。一剪下去就能剪100张宣纸，所以每100张宣纸就叫作一刀。

　　至此，一张张雅白的宣纸经过盖章之后，似乎就宣告制成了。

　　然而，这仅仅是宣纸制成"万里长征"的第一步，作为纸种之王，宣纸制作工艺还有更加细致的分类，以及深加工工艺流程。人说"一入侯门深似海"，以这话说宣纸不但当之无愧，而且有过之而无不及。

镇巴县观音镇田坝村，工匠正在贴纸晒纸　石宝琇/摄

镇巴造纸的人文与自然环境

镇巴县为汉将定远侯班超的封邑，红四方面军曾在此创建川陕革命根据地，红军三十四团曾在巴山林一带抓获劣绅、纸厂老板 50 多人，收缴大量粮食和纸张。《中国古代史常识（明清部分）》《三省边防备览》记载：定远（今镇巴）纸厂超过百家，大厂有工匠一百数十人，小厂有四五十人。据资料记载：1950 年底，镇巴有毛边纸厂 25 家，火纸及皮纸厂 100 家，年产土纸 126.2 吨。

沈尹默、镇巴政教寺

沈尹默（1883—1971），原名君默，浙江吴兴人，早年留学日本，后任北京大学教授和校长、辅仁大学教授。1949 年后历任中央文史馆副馆长，上海市人民委员会委员，第三届全国人大代表等职务。沈尹默以书法闻名，民国初年，书坛就有"南沈北于（右任）"之称。20 世纪 40 年代书坛有"南沈北吴（吴玉如）"之说。著名文学家徐平羽先生，谓沈老之书法艺术成就"超越元、明、清，直入宋四家而无愧"。已故全国文物鉴定小组组长谢稚柳教授认为："数百年来，书家林立，盖无人出其右者。"已故台北师大教授、国文研究所所长林尹先生赞沈老书法"米元章以下"。沈尹默的理论著作有《谈书法》《书法论》和《二王法书管窥》等。

沈尹默虽是浙江湖州（吴兴）东南 20 多里地的竹墩村竹墩沈氏的第 18 代，实际上却是出生在陕南兴安府汉阴厅（今陕西安康汉阴）。沈尹默的祖父沈拣泉、父亲沈祖颐先后任定远（今镇巴）知府。过去，地方官员为既能与家眷团聚又能避嫌，将家安在距任职所在地近一点的地方，也就有了沈尹默生于汉阴厅，他的祖父、父亲却在定远府上班的地理空间格局。沈尹默的青年时期并不完全是在汉阴度过的，而是在比汉阴更加贫苦、交通十分不便的巴山的深处镇巴政教寺（今镇巴党校所在地）度过的。

镇巴政教寺，即当年定远府办公所在地。如今，定远府已为镇巴县，但沈尹默的祖父、父亲手植柏、汉桂、枇杷仍在，风来叶动、投影斑驳。沈尹默就是在政教寺的柏树下、汉桂树下、枇杷树下读书、用镇巴"土宣"在祖父、父亲的指导下学习书法的。沈尹默一幅书法作品即在此留在镇巴，被宣纸传人胡明富收藏。据说汉中乡下发现了沈尹默祖父写的一个门楣，"君子攸芋聿怀多福，吉人为善旧有令闻"，已经被政府保护起来了。沈尹默在镇巴留下的墨宝埋下胡明富要在镇巴长岭镇九阵坝宣纸工业园建以沈尹默书法为首，云集国内外书画家名人，以镇巴宣纸为载体的"沈尹默纪念馆"。当然，在定远府任知府的王世镗的书法作品也在里面。王世镗也是一位有名的书法家，以《章草草诀歌》而闻名遐迩，与于右任同称"西北双雄"。

除了沈尹默、王世镗书法作品外，我们还在镇巴宣纸沈尹默纪念馆、碑林看到了令人目不暇接的各地书画大家以镇巴宣纸为载体的艺术瑰宝。同时，我们也有幸看到了胡明富为众多书画家定制、纸帘上"绣"有艺术家名字的专用纸帘，以及用特殊配方抄造出来的带有各种书画大家名字暗记的宣纸。这些纸帘有刘文西专用宣纸、专用纸帘，有方济众专用纸帘、专用宣纸……数不胜数。

星罗棋布的土纸小作坊：这里的大巴山是巍然的，高峻的，一山连一山，一河套一河，漫山遍野都是树木竹林，确实是造纸的天然宝地。不难设想，耕种困难的山民们，依靠造纸谋生，就是一种应运而生的选择了。据当地群众说，老人们常讲，过去，随便在山里行走，总有一个个纸坊在你面前出现，河道旁边是一个个沤泡池，河水冲打水轮的声音响彻不息。据统计，1950年底，镇巴县就有毛边纸厂25家，火纸及皮纸厂100家。打开镇巴地图，这些纸厂几乎分布在镇巴的每一条河旁。

楮河：以纸坊命名的地方数不胜数，纸坊街、纸坊镇、纸坊村、纸坊桥、纸坊沟，随便远行出游，总有一个一个以纸坊命名的地方让平静如水的心波动起来。而楮河的出现却让我们有误入"藕花深处"的感觉。当我们沿楮河岸边寻找造纸遗址时，发现岸边的石头上刻着"楮河漂流"四个

镇巴县巴庙镇孔家梁罗家湾龙王庙 2000 多年的古青檀树　胡明富/供图

大字，这才发现眼前的这条河原是一条以楮树命名的河流。原来，这就是两岸星罗棋布着大大小小造纸作坊的楮河了，这就是两岸到处都是楮树的楮河了。楮河不仅与古法造纸有关，而且象棋棋盘中的"楚河汉界"就是由"楮河汉界"化来的。楮河不仅是纸文明的符号，而且还是地理分界的界线，楮河以东即汉江流域，楮河以西却成嘉陵江流域了。

两千多年的青檀树：在镇巴县巴庙镇孔家梁罗家湾龙王庙，我们在经过了 200 多公里的跋涉后，终于站在两千多年青檀树下。这株树是胡明富发现上报陕西林业厅，经专家确认有着两千多年树龄。如今挂在青檀树上的古树保护标签就是胡明富亲手挂上去的。青檀树披着红（被面子），根部下方设有简易祭坛，祭坛有香烛祭品。古树方圆以内俱是大大小小的青檀树，这一处青檀林生态群落偏僻、幽静、遮天蔽日，若不是附近存在废弃墙垣的根基，我们真的如同走进了荒无人烟的深山老林中了。这株"藏在深闺人不识"的青檀树，宣纸就是它生命延续的另一个形态。据说，青檀树是神仙树，见过两千多年青檀树的人都活过了 90 岁。据一位当地见过古青檀树的老人说："小时候，这青檀树就这样，我现在 90 多岁了，青檀树基本没长，还是老样子。"青檀树，我们拜你来了，请你护佑我们民族的重要文明——蔡伦造纸术吧。

山旮旯的火纸

火纸作坊在巴庙镇西河岸边的吊钟岩村，即清末胡氏宣纸工艺第三代传承人胡子成（胡明富的祖父）在吊钟岩土法造纸的地方，这是我们探访镇巴造纸遗存的一次意外发现。

初见火纸，它以原始、朴拙、甚至丑陋的面目与我们相识了。我们已经做足了准备，但还是在欲罢不能中接受了这以竹为原料的纸种。泛黄色彩应该是竹子的本色，坚韧的竹纤维是怎么被纸工盘成纸的？

生活在巴山的人家，生活用火常常遇到火源熄灭的困境，不得不到邻居家取火。由于居住分散，户与户之间往往相隔较远，从邻居家取火的材料就是一叠竹纸（也称火纸）。取回火来只需往火纸上吹口气，火纸就燃烧出火苗，光明、温暖随即而生。有人说，燧人氏钻木留下的火种，就是用火纸传承下来的。

火纸还是祭祀用纸。祭奠祖先，火纸燃烧后，地面不留灰烬，纸灰会在点火燃烧时袅袅升空，飘飘飞走。而普通机制烧纸在燃烧后飞不起来，地面常留下一堆灰烬。民间认为纸能通神，祭祀燃烧后的纸——冥币、纸制祭祀品能升空飞走，证实祖先灵魂已将祭祀物品凌空带走，这样神灵就显示出来了。竹子原料做的火纸尽管市场范围在缩小，但在巴山腹地，这一纸种仍然为当地居民所青睐。

我们原来只是在视频里看到过火纸的制作工艺流程，现在竟然在陕西镇巴看到了，这是想也没有想到的奇迹。

楮树制造的民间祭祀火纸　张锋/摄

若没有深入民间的考察，镇巴深山里深藏的火纸作坊、沿袭着水碓捶料的水碓坊则只能长期处于"养在深闺人未识"的状态。

筑渠引流，借助水动力踏碓，当我们站在一座矮小陈旧的土坯房面前，望着这些古老的设备时，不由得感慨万千。临河引水，依岸筑坊。清清西河流水从一道石砌的槽渠急急流淌过来，重重落在水碓木轮栅板格上，水碓木轮在水的自由落体运动的重力加速度中悠然转动，与水轮连接的木碓遂沓沓起落，捶打竹料。渠壁、水轮支架、水轮轮扇，全都爬满厚厚的青苔，这家作坊已经被青苔戳上了久远岁月的徽记。

楮河远在身后了，西河进入我们的视野，清澈的河水在不太宽的河道里缓缓流淌。在胡明富的介绍下，我们见到了火纸作坊的老板王兴培，一个 50 岁左右，憨厚朴实，总是微笑着的普通山民。王兴培登上渠头拉开闸板，堵在水渠中平静的清汪汪的水迅速流动起来，急速的水流一跃而下，如瀑布重重地跌落，冲打在年深日久的木轮格板上，水花四溅，安静的作坊顿时有了生机。水溅落的声音，在幽静的山谷回响。

爬满青苔的水轮嘎吱嘎吱转动起来，沿着石头砌成的台阶走进作坊，脚下的大地似乎在枣木槌的沓沓起落中颤动起来。古代做箭矢的竹子被水碓捶得粉碎，碓槌下的竹料泛着竹纤维才有的黄色。大批的竹子被劈成竹条堆放在沿墙旁边，石灰水池中，沤着竹料。被镇在水下一捆一捆的竹条影影绰绰，经历着漫长的脱胶煎熬。从竹子变成竹纸，其间该经历多少工序？发生过什么故事？只有历尽艰辛的纸匠知道。

水碓坊光线昏暗，从高高的窗户灌入的光线，落在竹料上、枣木碓槌上、石砌的墙皮上，为这小小的的空间带来一抹光亮。贴墙根放着榨纸用的木板、木杠、绳索、铁锹、耙子，墙面上的钉子或者楔子挂着抄纸帘床，晾着竹帘。

这里非常安宁，除了踏碓声，水声，脚步声，交谈声外，根本听不见公路上来往车辆的马达轰鸣声，造纸作坊虽然与公路近在咫尺，却仿佛远隔千山万水。原来，远古文明蛰伏在现代文明的盲区，置身于现代文明的

镇巴县巴庙镇吊钟岩村火纸作坊的竹子浸泡池　程江莉/摄

滚滚车轮旁边。

胡明富是这个作坊的支持者，他对这里非常熟悉。此刻，他摸起竹筐内的木棒，木棒的下缘挂着一丝酒黄色的透明黏稠的液体线，这就是纸药。木棒上的汁液是阳桃藤汁，制好的纸浆入池，先要加入纸药，然后再经过捣浆，将纸药与纸浆上下捣匀，让池里的纸浆静置一段时间，然后才能"荡料入帘"。

需要补充的是，镇巴抄纸槽都建在地面上。这一点，与洋县造纸作坊纸槽的安置有很大的区别，虽然镇巴与洋县同属汉中地区，我们猜测这种纸槽的安置与地理位置以及所处环境有关。

阳桃即猕猴桃，将猕猴桃的新鲜嫩枝，切段，浸泡，就可得到纸药。巴山里，阳桃多的是，提供了取之不尽、用之不竭的纸药资源。

王兴培的抄纸帘床有些特殊，帘床两侧设置一对操作时手握的耳环，这对耳环看似平淡无奇，却蕴藏着考验纸工抄纸技术的秘密。王兴培也是二次抄纸法：先将帘床前端探入纸浆池，迅速抄四分之一的纸，提起帘床，斜仄着让帘床上的水从贴怀的溢水口泻落，再将贴怀一端的帘床将水前推，紧接着将帘床贴怀一端斜扼插入纸浆池里，于水面下平衡帘床，将入帘纸浆在水面浮头晃荡，借水力荡匀悬浮于水中的浆料，使之在帘床上分布匀称，再提出帘，斜置放着，让水自帘床溢水口倾泻落入纸浆池。这一工序，一气呵成，荡料入帘的过程，一池水瞬息万变，波涛汹涌。

后来的"压帘覆纸"，覆置下来的纸不是一张，而是两张，稳稳地出现在中间有间隙距离、尺寸大小相等的纸锭上。

胡明富方让我们看竹帘，原来竹帘中间设置了一绺布隔。水的力量本来就非常难以掌控，能在波涛汹涌中让纸絮乖乖的附着于帘上已经是犹如神助了，眼看一张纸变成两张纸，则让人觉得抄纸技术之神奇了。

我们亲眼看见了：坚韧的竹子，在纸匠的手中，在水与植物的洗礼中脱胎换骨，成为一张张柔软舒适，可以承载文明之火、可以与神灵沟通感情的"火纸"了。

镇巴县巴庙镇吊钟岩村火纸作坊井水碓坊粉碎竹条的老纸匠　赵亚梅/摄

　　王兴培的纸坊有三名工人轮流值班。竹子原料价格每斤 0.25 元，每年用生石灰 100 斤，材料投入 4500 元，收入 5 万元，剥除工人工资、材料投入，利润所剩无几。

　　在镇巴西河，一个叫吊钟岩村的火纸作坊，在这变革的时代，古老造纸术在这里生生不息。我们在内心深处，对这个火纸作坊的顽强存在肃然起敬，又为其困窘的前景黯然神伤。

镇巴县观音镇田坝村是土纸的生产原生地。图中为工匠正在抄纸　石宝琇/摄

镇巴县巴庙镇吊钟岩村火纸作坊非遗传承人王兴培在捞纸　程江莉/摄

"宣纸之王"与民间谚谣

日本人虽然从韩国人那里学会了中国的造纸术，依据自身特点发展出日本和纸，但日本人却无法学到中国的手工宣纸制作工艺。宣纸独特的原料青檀树只产于中国，而制作宣纸必须在特定的地理环境，原料、水质、地质条件缺一不可。于是，日本东京亮和堂的土屋弘从镇巴定做宣纸，运回日本深加工，再将加工好的宣纸换上日本商标，出售给国外。这个做法虽然"奇葩"，但从另一个角度来说，我们也感到非常庆幸，我们有其他民族不具备的造纸术，以及独一无二的自然环境。

在镇巴宣纸库房，我们面对着琳琅满目的宣纸，民族自豪感自心底油然而生。面对这一摞一摞有间隙距离的纸摞，我们相信胡明富的话：宣纸是有生命的，它会呼吸。多雨的时候，宣纸就把空气中的水分喝饱，储存在身体里面；干旱的时候，再把身体里面储存的水分吐出来。一呼一吸，一吸一呼，有一天我们不在人世了，但宣纸还在这世界上很年轻地活着，以一呼一吸的状态……"纸寿千年"的成语就是这样来的。

每一张纸，都是在抄纸池随着帘床在水里一推一荡才有了独立的形体与生命，如果是在寒冷时节，水寒冷刺骨，纸匠们还得咬牙坚持。为了生计，这样的劳作是他们无奈的选择。忙了一辈子，总是先借钱，再还钱，因而，纸匠们就编了这样的谚语："一波一浪，刚够还账。"

"纸不能言最可人。"我们用过的纸也许在这口抄纸槽里而生，经过"一吹一刷，刚够打杂"的晒纸、分纸、检纸、打包，然后纸匠转身为"背老二"，将 180 斤的纸用背夹背了，唱着镇巴山歌"观音河来兴隆河，一河上下打湿脚。草鞋淘成个光圈圈，脚码子皮皮也扯脱"，跋山涉水，一步一步，抵达水路码头，再经水路将纸转运到汉中、成都、武汉、西安、兰州……

自偏僻蛮荒的山区到文明繁华的城市，镇巴的纸被用来包茶叶，纸便有了茶香；包真丝绸缎，纸就有了真丝的纹理与细腻触感；或者被上了桐

镇巴县巴庙镇吊钟岩村火纸作坊非遗传承人王兴培　程江莉/摄

油做成雨伞也就有戴望舒《雨巷》中的画面；或者用纸捻订成账册，纸上的数字里便就有了我们的柴米油盐，有了我们生活的温饱和庄稼收成的丰歉；当一捆火纸的纸灰在坟头飘飞时，也就有了我们对逝去亲人的无限思念……

在往昔的漫长岁月中，在大巴山的皱褶里，在一道道河流的两岸，散落着以家庭为单位的、以楮皮做原料的造纸作坊。清朝诗人赵廷挥有诗《感坑》"山里人家底事忙，纷纷运石垒新墙。沿溪纸碓无停息，一片春声撼夕阳"就描绘了这样的情景。

第四章
长安北张，"纸村"今昔

　　北张村手工造纸源于汉代，究竟是西汉还是东汉，没有定论。有人说，这个村子是中国造纸的源头。滔滔不绝的沣河水，诉说着"沣出纸，水漂帘"的遥远传奇。当年，长安作为西汉的都城，这里占尽了繁华，由于亟须纸张，在这商业和手工业特别发达的地方，麻纸的产生，就比别的地区多了占先的可能。灞桥纸的出土面世，提供了造纸时间的确证，这儿是距离灞桥最近的造纸基地。

北张村造纸艺人张刚在沣惠渠洗穰　赵利军/摄

丰镐故地北张村

地理渊源

在中国大陆，再也找不到哪一座城市，能像长安一样向世界展现文明中国所拥有的自信、开放、大气、包容和向上的民族精神，铸造炎黄子孙永远为之自豪、在平畴沃野和山川河流上沉积起来的文化高地了。从周到秦、汉、隋、唐，长安占尽了都城的荣耀，也占尽了经济的繁华，自然而然也获得了地理的优越感。

我们现在要说的长安北张村，虽然在地理位置上不属于长安古城的范围，只是处于都城外围的郊区，但是细究起来，还是有都城的文化根源存在。现今的长安区北张村位于秦岭山系的终南山下、沣河东岸边，这一带即文献记载中的镐京。镐京又称之为丰镐，原本的意思是沿着沣河修建的两座城市。沣河西边的称丰京，沣河东边的称镐京，史称"丰镐二京"。不过，习惯上将这两座城市看成一个城市，因为分别承担了不同的作用。丰京在西周后期更多地承担了祭祀的作用，而镐京则作为行政中心而存在。西周的都城就是丰镐两京。

经近现代多年考古发掘与研究，在沣水两岸约15平方公里的遗址范围内，发现了多座宫殿、宗庙、贵族与平民居址、车马坑、青铜器窖藏、大型墓葬、手工业作坊，等等。此外，据《诗经》等文献记载，还有辟雍、灵台、灵沼等礼仪和游乐性设施。在《周礼·考工记》中，明确记载了这一带具有"前朝后市"的建设规制。结合《周礼·司市》的内容，分析当时"市"从形式上已经具有多种形式："大市，日昃而市，百族为主。朝市，朝时而市，商贾为主。夕市，夕时而市，贩夫贩妇为主。"同时，还设有专门管理市场的机构，从担负"平市""均市""止讼""去盗""除诈"等职能情况看，丰镐城中的"市"已是其中重要的组成部分。当时的经济社会状

长安区北张村俯瞰，北张村紧邻沣河，为造纸用水造就先天之利（航拍） 张锋/摄

况，下层庶人中不少人从事工商业，丰镐地区就有许多的百工和商贾，他们与各类"市"相结合，使这里除了具有政治、文化功能外，工商业，包括手工业的功能也愈益突显出来。

在沣河岸边的北张村，在浩如烟海的历史文献中，我们寻找到了"手工作坊""市""百工""灵台"（平等寺）等，这些文字的信息和相关的地域以及历史时期，与北张村的蔡伦庙、蔡子墓、灵台、造纸作坊、穰行一一对应，向我们透露出北张村造纸的历史渊源和发展轨迹。

村名来历

有关北张村村名的来历，众说纷纭，主要有下面几个版本。

第一个故事，来自北张村村志的记载："天有好生之德，人当效一，网开一面，不绝珍禽异兽。南张一面，放南山之鹿，北张一面，放沣滨之麋。"这里所说的天指汉武帝，说的是汉武帝在上林苑狩猎时，忽然对狩猎对象发了慈悲之心，在张开的上林苑狩猎网上，开了南北两处让麋鹿逃跑活命的口子。北张村因此而得名。

第二个故事，与北张村造纸有关。说北张村即百张村，以村子造出的纸一百张为一刀的"百张"命名。这个说法区别于汉武帝狩猎网开一面，且村志说的网开一面最后变成了网开两面，存在逻辑漏洞。百张村与北张村仅仅存在"百""北"读音的差异，这种地名发音的变迁在地方地理名词中比比皆是，似乎百张村更接近北张村的本真。

第三个故事，与以前北张村外的一座"蔡子坟"有关，蔡子坟安葬的人，据说是蔡伦后代中造纸手艺精湛、来到北张村传授造纸技艺的一位师傅。相传公元 121 年，蔡伦因受牵连，在封地龙亭服毒自尽，家族中人受到连累，后人四处逃命藏匿，其中一部分人逃至安康，经子午道，向北走出秦岭山口时，将当时最先进的植物纤维造纸技术传播给北张村一带。

第四个故事，与自古流传的民谣"仓颉字，雷公碗，沣出纸，水漂帘"有关。村里有学识的老人解释说：西汉时，天下大雨，沣河水暴涨，终南山中有些树木和麻类等含有大量纤维的植物被带入河中，在自然原始碱和水的作用下变成稀薄的浆膜，漂到岸边废弃的竹门帘或树枝上聚拢，太阳晒干后揭下来，就是一张自然纸。于是，北张村的祖先就揭了一片类似于纸的絮状物，带回家琢磨，用破布、渔网、树皮、桑麻等物反复尝试制造这絮状物，没想到造出了比河边絮状物还完整的"纸"，更想不到这种絮状物"纸"能书写。消息传开，附近的人争相使用，不知不觉成为附近寺院和尚抄经的"经纸"了。到了东汉，蔡伦随皇妃娘娘到北张村的寺院烧香拜佛，发现了抄写佛经的纸，一定要到北张村看个究竟。在北张村，蔡伦见到了造纸匠，对造纸产生了浓厚的兴趣，与造纸匠遂成莫逆之交，成为纸匠家的常客。北张纸匠家的纸很是粗糙，蔡伦想，能不能在北张纸的基础上造出更好的纸呢？说做就做，蔡伦将想法告诉纸匠，一拍即合。经过反复实验，造出的纸不仅比原来的纸好，而且还总结出来了一套工艺流程，造纸技术也在反复试验中不断改良、进步、完善。尤其是由一帘一纸到一帘多纸，使造纸产量大幅度提高，且纸张质量得到前所未有的改观，由粗糙、涩硬的纸张脱胎换骨为平整、光滑的"蔡侯纸"。"蔡伦造纸不成张，观音老母说药方。张郎就把石灰烧，李郎抄纸成了张。"流传在北张村一带的民谣即是蔡伦实验造纸故事的民间口头记载。这个故事与《后汉书》中的记载"伦乃造意，用树肤、麻头及敝布、渔网以为纸。元兴元年（105）奏上之，帝善其能，自是莫不从用焉。故天下咸称'蔡侯纸'"如出一辙。有了经典的蔡伦造纸术，北张村人多以造纸为传统职业，这种职业在北张村世代相传，延续至今。

灵台

东汉时，蔡伦因为去灵台的平等寺进香，才有了最初的与北张村纸的邂逅，那么灵台究竟是个什么地方？位置在哪里？灵台与北张村造纸有着千丝万缕的联系，我们很有必要探究一番。

灵台，即周文王灵台遗址，位于灵沼乡阿底村南 1 公里，距沣河 200 多米。关于文王灵台，史书记载较多，《诗经·大雅》中有："经始灵台，经之营之，庶民攻之，不日成之，经始勿亟，庶民子来。"《孟子·梁惠王》中有："文王以民力为台为沼，而民欢乐之，谓其台曰灵台，谓其沼曰灵沼。"《左传》中有："晋饥，秦输之粟；秦饥，晋闭之籴；故秦伯伐晋，……秦获晋侯以归……乃舍诸灵台。"对于"秦获晋侯以归"要有一个详细的说明。根据有关资料记载，秦俘获晋侯归来后，晋侯家眷、臣属即在当今周至县和鄠邑区的两个村子以"晋"命名聚集村落，周至起良村即在东西两晋之间不断变迁造纸。"乃舍诸灵台"说明在春秋战国之际,灵台尚存。关于周文王灵台的位置及其作用,《三辅黄图校证》载:"周文王灵台,在长安(指汉长安城)西南四十里。"《诗序》曰:"灵台,民始附也。文王受命,而民乐其有灵德,以及鸟兽昆虫焉。"汉代郑玄注释这段话时说:"天子有灵台者,所以观祲象,察气之妖祥也。文王受命而作邑于丰(今沣河),立灵台。"根据郑玄的注解,灵台乃是为观测天象而筑,其位置在汉长安城西南四十里。宋敏求《长安志》载:"灵台高二丈,周百二十步。"今西安市长安区灵沼乡阿底村南一公里,有周文王灵台遗址。此地确实建有平等寺,建筑物早已无存,地上仅留几个石柱础。

阿底村,地处沣河西岸西周灵台南,当地口音叫"wo(窝)底村","wo(窝)儿"就是那儿的意思,就是指灵台底下。阿底村即"灵台底下那个村庄"之意。村庄地处灵沼,旁有灵台和平等寺等。据北张村村志记载:灵台与北张村隔沣河相望,相距仅一里路,唐时在灵台遗址上建造了平等寺。北张村历史上就参与灵台的保护管理,现存北张村清嘉庆二十二年(1817)《查夫灵台地亩记》碑石载:陕西抚宪饬令北张、贺家、吴家、邱家四村各举殷实诚谨一人熬岁轮管,以供寺内香火之需,每年正月二十日,四村敲锣打鼓成群结队给寺内送香火之俗延至现在。

蔡伦庙

北张村有蔡伦庙,并且是两座。这两座蔡伦庙,在新中国成立前与村内城隍庙、孤魂庙、玉清观(后改老君庵)、百神坛、三宝堂、灵台(今平等寺)同为一村地理单元,十分罕见、壮观。

这倒是其次,重要的是北张村里有两座元代戏楼。南戏楼坐南朝北正对城隍庙,北戏楼在距原村大北门以南百米处,坐北向南。

平等寺、城隍庙、蔡伦庙,都于每年农历正月二十二开始为庙会(后改为清明节)。正会这天,北张村敲锣鼓、耍社火、唱大戏,给两个蔡伦庙上香祭拜,热闹非凡。意味深长的是,相传正月二十二日是蔡伦的诞辰,所有的庆典、热闹都指向蔡伦，表示对这位"纸圣"的虔敬之情，其余的神灵倒成了陪衬。可惜的是，蔡伦庙毁于1952年，但是所有的对联、横幅和社火装扮都体现了明确的祭奠蔡伦的意图。

以穰行形成市集的秦杜镇

北张村桥头街，形成于唐天宝年间，北张村的纸与鄠邑区秦渡镇的米皮隔沣河相望，形成最早的商业互补。北张村与秦渡镇北门外曾有（唐天宝年间）广济桥，明万历年间重建百孔木板桥，清道光年间修建石板桥，1986年新修了长245.6米，宽12.5米，高9.4米的12孔钢筋混凝土沣河大桥。

宋《长安志》载，宋代在鄠邑区设秦渡镇，同时在长安区沣河东岸设秦杜镇。

民国初期，北张的集市移至桥头集，人们也称北张镇。桥头集和秦渡镇同样以农历双日为集市，后秦杜镇慢慢衰落，秦渡镇大桥建起后，商业店铺也逐渐移迁至西户（鄠）公路两侧，形成了现今的一公里长的沣惠商业街。

据明清《咸宁长安两县续志》记载，北张镇为西安市长安区八大古镇之一，清代长安县所属西南乡各廒（粮仓）图就标有北张镇。清代时东、西、南、北四条大街最为繁华，街（镇）中心什字有城隍庙，对面大戏楼，商业店铺近百家。

北张村一直是周、秦、汉、唐等十三朝古都的京畿之地，是名正言顺的蔡侯纸制造地和延续地。

据北张村老人讲述，古时村西300米处的沣河上曾有"文王铺地桥"，是通往河西"文王灵台"和秦渡镇及鄠邑区的交通要道。1990年，村民在沣河淘沙时发现了这座石板桥遗迹，现在岸边还有几块石板依稀可见，"铺地桥"可能是沣河上古"普济桥"的谐音。

我们之所以不厌其烦地提起消失的秦杜镇、北张镇，是想一再强调，北张——这个地方，原来不仅是一个家家户户造纸忙的村落，还是一个以造纸而形成商业连锁反应的集市。在这个集市中，除了其他集市应有尽有的商业店铺外，还有其他集市没有的"穰行""摇秤人""穰商"。

要知道，北张村造纸的原料是楮皮。楮皮产于秦岭山中，北张村的造纸作坊都是一家一户，没有自己的楮皮原料基地。没有造纸原料基地的北张村在悠久的造纸历史中慢慢形成了一条楮皮原料供应产业链，产生了穰商。

穰商沿沣河而上，或者沿滈河、潏河而上，进入秦岭，沿村低价收购楮皮原料，运回北张村，再高价卖给造纸纸户。当然，作为生意人，穰商也会从北张村集市购买秦岭山中需要的粮食、盐巴、布匹或者其他山中短缺物资，运到秦岭深山换楮皮原料。久而久之，便形成了一个专事楮皮原料采购供应的特殊行当——穰商。

再到后来，为了防止穰商恶性竞争，同时为了共同管理、分类定级楮皮原料，规定或者调整原料价格，便出现了自愿、自发组织起来的商业管理组织"穰行"。这个穰行相当于今天的商会，穰行选举出负责人，负责人即"摇秤人"，摇秤人即今天的商业经理。摇秤人负责穰商与纸户的集会，商讨楮皮原料价格，同时负责纸张的对外营销贸易。

从穰行、摇秤人的作用以及历史渊源来看，与担负"平市""均市""止讼""去盗""除诈"等丰镐"市"的职能相同，也就是说北张村穰行的格局是古丰镐市政商业管理的沿袭。再从北张村独特的京畿地理位置，以及所从事的特殊造纸手工业、千年传承、未曾改变分析判断，北张村造纸作坊在汉、唐为皇家造纸作坊也就顺理成章，北张村在历史上作为御纸坊的存在，也就实至名归了。

北张村的集市就是围绕着众多的纸户、穰商、穰行、摇秤人、纸贸易应运而生的集市，随着时间的推移，由秦杜镇而北张镇，再由北张镇而衰落成北张村。

长安区北张村全景（航拍） 张锋/摄

忆往昔，峥嵘岁月稠

北张村手工造纸源于汉代，究竟是西汉还是东汉，没有定论。有人说，这个村子是中国造纸的源头。滔滔不绝的沣河水，诉说着"沣出纸，水漂帘"的遥远传奇。当年，长安作为西汉的都城，这里占尽了繁华，由于亟须纸张，在这商业和手工业特别发达的地方，麻纸的产生，就比别的地区多了占先的可能。灞桥纸的出土面世，提供了造纸时间的确证，这儿是距离灞桥最近的造纸基地。无论是古通济桥还是今日的西户（鄠）路沣河大桥，两桥相对的两个千年古镇，记录了丝绸之路上北张村造纸的兴盛与商贸的繁华。莫要说村东古时的贺兰渠和民国时的沣惠渠，单这条曾经滋润过丰镐、滋润过长安，现今又滋润西安市的沣河，足以让人发出"子在川上曰，逝者如斯夫，不舍昼夜"的喟叹。不是吗？沣河自秦岭山脉而出，一条沣河便将一座秦岭与一个村落维系在一起。秦岭大山源源不断出产的楮皮，源源不断地输送进北张村纸户家中，利用沣河的流水造纸，楮纸进入古长安城的贡院，沿着丝绸之路向更远的地方输送。不难想象，当李白在长安街的月光下行吟"长安一片月，万户捣衣声"时，北张村踏碓的响声比捣衣声还要激烈，以至于附近村落的人无法入眠，骂了一句"北张村，狗踏碓，把人聒得不能睡"，一传便是千年。除了咒怨，还有叮咛"有女甭嫁北张村，早晚晒纸站墙根"。这也难怪，北张村共有三十八姓，就有"高一半，马一角，文家占个西河坡"之说，先后毁于战乱或政治运动的高家祠堂、贺家祠堂、罗家祠堂、蓝家祠堂、邹家祠堂、左家祠堂，无不在诉说着往昔的富足与辉煌。"家有一合槽，顶过十亩田"，那时的造纸业就是发财的可靠门径呀！

中国的古法造纸，在民国时期就受到了工业造纸的冲击，日益衰败下来。但是北张村的造纸在那时还是相当兴盛的。抗日战争时期，《西京日报》《益世报》《老百姓报》等报纸就用北张村纸印刷。兴旺时，全村有纸槽400

余合，年产量达 79 万刀（每刀 100 张）。同一时期，西安八路军办事处的熊天荆和北张村王键，组织村人造老报纸，并设法运往延安。延安党中央的《解放日报》《陕甘宁边区报》"边币"都用的是北张村的"老报纸"。

1950 年 1 月，北张村成立了造纸生产合作社，有 634 户，3312 人。全村户户从业，有纸浆槽 430 合，年产土纸 2971 万张。

北张村造纸业兴盛时，"户户有作坊，家家造纸忙"。

以造纸世代为业的北张村，自古人多地少，新中国成立后实行集体合作化，比全国其他地方特殊，全村每年要吃国家返销粮 17 万斤。1965 年，粮食非常困难，全国经济一片萧条，纸卖给谁呢？北张村的造纸到了山穷水尽的地步。有人编了顺口溜："玻璃罩地一片明，青蛙打更水围城，三更造纸苦难堪，一年四季愁吃穿。"到了 20 世纪 80 年代，造纸的人家只剩下 10 户。外出打工的人多了，造纸的人家又减少了。

当时间的指针指到了 2007 年，情况好转了。国家出台了保护非物质文化遗产的政策，传统造纸技艺受到国家和社会各界的重视，北张村作为名闻遐迩的"纸村"，这才有了技艺与声誉长久流传下来的希望。

非遗传承人

在北张村，造纸作坊都是以家为单位，造纸工艺都是靠祖辈血缘传承。所造"蔡侯纸"的原料，先用麻，后用楮皮、白穰、废纸等。古时村人取当地的麻加工白麻纸，后来采用楮皮，加工的纸叫黑麻纸；用楮皮加工选出的白穰，造的纸也叫白麻纸。有长连纸、大连纸、百尺三五、斗方、老报纸、草纸等 15 种纸型规格。

北张村纸户经过楮皮扎把、蒸煮、沣河河水漂穰、踏碓、切番子、淘捣子、抄纸、晒纸、整理、包装打捆等 20 多道造纸工序后，将麻纸进贡皇室，或自销或纸商销售。

当我们考察采访到达北张村时，已经是 2017 年冬天了。我们发现，这里的土法造纸都是家庭作坊。我们先后见到了几位正在作坊里劳作的能工巧匠：张逢学、马松胜、王康利、马永祺，他们代表的四个家庭，是北张村仅剩下来的四个造纸"专业户"。

张逢学

北张村造纸技艺传承，都是以父传子、子传孙的模式代代相承的。张逢学家的传承也不例外，他是第三代传人。

2007 年，68 岁的张逢学成了国家级非物质文化遗产造纸传承人，他获得的正式名号是"楮皮纸制作技艺传承人"。2017 年 10 月，我们见到张逢学老人的时候，湖南卫视《百工百匠》在他家拍摄制作的第一期节目刚刚

国家级非物质文化遗产造纸传承人张逢学和儿子张建昌、孙子张刚合影
赵利军/摄

造纸

播出。

"秦岭山出产楮树皮，沣河两岸也有许多树木，造纸不愁上好原料。"憨厚耿直的张逢学手捧蒸煮发酵过的黑棕色树皮，让我们观看，"北张村人多地少，粮食欠，饭不够吃，有句俗话说：'有钱的娃上学，没钱的娃下河。'啥叫'下河'？就是学造纸手艺。那一年我9岁，能扛起10斤重的东西了，就跟着爷爷和爹学造纸，家里的屋子和前后院子就是造纸作坊。13岁我就能独立操作，主要抄造毛边纸。后来这手艺我传给了儿子，如今又传给了孙子，一家三代都在传承手工造纸技术。"张逢学通过一道道技艺，将一捆捆楮树皮，经过浸泡、碾压、蒸煮、漂洗、踏切、捣浆、抄纸、晾晒等三大门类、七十二道纯手工程序，制成一张张纸，他制的纸纤薄却韧性十足，常常被人当作收藏品买去。过去，为了去除树皮里的杂质，需要把树皮放在河水里反复浸泡，不断漂洗。冬天的沣河水寒冷刺骨，冻得人直打寒战。那时候，既是贫穷的，又很难买到长筒胶皮靴子，他只能光腿站在河里，河水中冲下来的冰块如刀子一样，把他的腿戳得青一块紫一块，整个冬天都是拖着一双病腿在干活。

我们在他的屋子和前后院——也就是他的造纸作坊里，看到了他们父子辛苦操劳的过程。早已蒸煮和漂洗过后的楮树皮，由张逢学和儿子张建昌两人配合着用木桩在地上固定的踏碓砸成约50厘米长、30厘米宽的薄片。用纸匠的行话说，这薄片叫作番子。再将番子叠放在切番床上，慢慢用切刀切成碎片。近一米长、重达10斤的专用切刀，在张逢学的手中就像剃刀一样轻巧。嗖嗖嗖，切刀眼花缭乱地在湿滑的番子垛上翻飞，木屑片一般纤薄的碎片纷纷落地。"切番子，这活儿不好弄，看你手艺高低，没三五年的功夫是不行的。"张逢学这话，既是对我们说的，也是对着儿子张建昌，说得儿子直点头。

"市面上卖的宣纸，放几年就折色了，成了土黄色，咱这楮皮纸，颜色是永久的，要不咋叫手艺活呢！"张逢学递给我们一沓楮皮纸，一脸欣然自豪的神色，眼睛里盛满了得意。

2008 年 8 月，北京奥运会期间，69 岁的张逢学和 49 岁的马松胜受到邀请，在奥运会祥云小屋现场演示长安古法楮皮纸抄造过程。张逢学技术扎实，马松胜头脑灵活。我们好奇地问："老张，你去北京表演时是不是有意打扮了一下？""打扮啥呢？我是个农民，穿老式样的对襟黑布衫，美着呢，也符合我的身份。"为了节约成本，楮树皮纸只有大量订货时才制作，如果没有预定，不必那个时候去买楮树皮。为了北京奥运会上的表演，张逢学专门去陕南购买了楮树皮，价格 1 公斤 1.3 元，是放置了一个冬季的楮树皮。这样的楮树皮底子是白色的，质量最好，张逢学说他们就是想去展示最好的纸。张逢学在造纸现场还采用了古老的铜钱计数法，不用刻意去数，单凭铜钱计数。凭借精湛的手艺，张逢学还带着他的楮皮纸到美国展示过自己的绝技。

我们第二次去采访时是初冬时节，在他家后院，水泥砌制的池中，水已是刺骨的冷，张逢学的孙子张刚在抄纸。每抄一张纸，张刚都要把泡得发白的双手放在一旁的火炉上的热水锅中暖一暖才能继续干。传统的手工工艺也存在时令限制。张逢学坐在一旁讲着祖上传下的造纸秘诀："造纸凭的是水法""干鼻头硬档，四角一样"……"干鼻头硬档，四角一样"是其中两帘法关键的第一帘，第一帘抄纸时，将纸帘担帘架上，双手握帘架两边前半部，帘架前半部入浆池、后拉，再向前移，使纸浆吸附纸帘一端，为"吸鼻头"。该动作要干净利落，故又称干鼻头，又因纸浆吸附面积不能超过帘床面积的九分之一，宽仅容两三指，且纸浆吸附在竹帘上的边缘截面，须如木档隔着一般齐，谓之硬档。四角一样指的是荡料入帘时，纸浆纤维在帘床上分布必须均匀。

张逢学说前年他的一刀纸卖了 500 元，去年一刀纸卖了 400 元，到了今年要看买家买多少，350 元也卖。一会儿，他到了前院，蹲在地上，在电动"踏碓"下把楮皮捣碎。他的儿子、孙子，前院后院地忙碌，儿媳在二楼的墙壁上晒纸。一家人，祖孙三代的造纸生活，过得平静而又坦然。

马松胜

与张逢学一同在北京奥运会祥云小屋亮相的，是比张逢学小 20 岁的非物质文化遗产省级造纸传承人马松胜。他的家庭是地道的造纸世家，他是第七代传人。

马松胜家的造纸作坊与张逢学家的格局大同小异，只是家里地方略小，人工"踏碓"安排在门外的场地，这儿是村子街道的一侧。地面预留踏碓的床搁、石础以及下陷的踏窝儿。只需将斜置在前门背后，由枣木碓头与粗壮的杠组成的庞大的踏碓家伙抬出，安装在床搁上，去掉踏窝上覆盖的砖块，一个露天踏碓作坊就宣告就绪了。只是每次踏碓，需要安装，需要抬回，费事儿。下雨时踏碓的人和转番的人需要打着伞或者披着雨衣，要么戴上古典的斗笠、披上老式的蓑衣。当然，这也是马松胜的无奈之举。马松胜坦然地说：在众目睽睽之下踏碓，本来是农村干活比较稀松的场景。

马松胜的抄纸作坊在后院，地方也是比较狭小的。后院右侧挖坑安槽，这是老祖宗总结出来的，右侧向阳。把石槽安装好，过去都是上面搭几根木头，苫个草棚，就是个抄纸作坊了，现在也有盖石棉瓦或彩钢瓦的，都是新材料。唯一没有变化的就是抄纸槽，从老先人手里传到现在，长方形槽子都是石板拼做的。这石板做的抄纸槽有个好处：冬天再冷，纸浆在槽里不冻；夏天，纸浆放在纸槽里不馊。比如刚把做好的纸浆倒进槽里，晴朗的天空突然阴云密布，场里晒的麦子没收，或者地里割倒的麦子没往回转，把准备好的抄纸活一撂，就忙地里活去了。等地里活儿忙完，再回来抄纸，纸浆虽然在石槽里搁了几天，但一点儿也没馊，还是当初的样子。

马松胜家切番的地方就在天井里，与捣浆的石臼在一起。晒纸墙就是门外自家的墙壁，上面叠摞，层层叠叠，贴着纸的"梯田"，这种晒纸法如爬山一样，省地方，能贴很多的纸张。他家以前有蒸皮料的蒸锅，现在地方太小，没地方盘蒸锅，蒸料时就到其他的地方去。

检纸、包装，客厅就是车间，客厅的一角还充当储藏间，四周墙壁挂满装裱在镜框中的名人书画，这些书画的纸张都是马松胜各个时期抄造出来最好的"楮宣"。

在客厅的茶几上，我们看到了一本线装账册，账册下面压着一本纸色泛黄的日文杂志，上面全是日文和照片。其中几页，记载着昭和六十年，日本和纸与西安市沣惠公社纸乡（即北张村）、安徽泾县宣纸的一次造纸交流。马松胜取出藏了几十年的一张纸，给我们展示楮纸在抄造过程中形成绚烂的"纸花"，那种明显的花斑，令人十分惊喜。

马松胜 17 岁就是抄纸的能手了。人民公社时期，北张村几乎家家造纸，集体统一提供造纸原料，再统一回收造好的纸，按数量和质量记工分。马松胜创造过 1 小时抄 200 张纸的纪录。"抄六刀纸（一刀 100 张）算一个工，我一天能抄 1800 张纸，记三个工，相当于一人干了三个壮劳力的活。"

"有女不嫁北张村"，不是外村人不愿把女儿嫁到北张村去，而是北张村造纸的劳作很累、很苦，做父母的心疼女儿不愿让女儿来受苦。外村的女子还是愿意嫁到北张村的。北张村造纸苦是苦点，累是累点，但收入稳定，不至于挨冻受饿。

在北张村，有"一合槽顶十亩田"的俗语，是说一个抄纸的水池槽子，收益相当于种十亩地的庄稼。这句话透露出北张村纸户经济上的优越感，同时也说明当年北张村纸户稳定可观的经济收入来源。

如今北张村原来"家家户户造纸忙"的热闹景象不复存在了，除了张逢学、马松胜等几家还在造纸外，原来的纸户都已完成了各自的职业转换。他们所从事的工作五花八门，最早经营运输车辆、会做生意、开各种门面的人，挣了不少钱，他们给儿女在西安买了房，家里的小车也有好几台。但是，多数人只是在村里盖了楼房，过上了温饱日子，并没有多少余钱。坚持古法造纸工艺传承的马松胜，也感到这日子过得越来越吃力。

马松胜造纸也是全家上手，除了妻子帮忙，儿子马军坡也学会了这门手艺，只是大部分时间在外面打拼，回家以后才帮着踏碓、切番、杖槽、抄纸。儿子不在家，就由他的妻子踏碓，在墙根下晒纸。

北张村附近的楮树林　张锋/摄

北张村附近的楮树，是北张村人常用的造纸原料　张锋/摄

除了造纸，他还要接待一些前来参观的人士，和张逢学家的作坊一样，这里也是一些学校单位的造纸研学基地。

王康利

2018 年 10 月，我们见到了 58 岁的王康利。他生于造纸世家，是第六代传人。他的纸坊门额挂着"古纸坊"牌匾，与张逢学家作坊对门，是长安区级楮皮纸制作工艺传承人。他 18 岁高中毕业后便在生产队学习抄纸工艺，20 岁当兵，24 岁复员回家继续抄纸，这一头扎下去，就是 30 多年。

王康利纸坊的布局与张逢学纸坊略有不同，蒸料、踏碓、切番、捣料、抄纸等作坊荟萃于屋后工棚里，虽显拥挤，却安置得井井有条。在这个纸坊空间里，踏碓器具就有三架，分大、中、小，一溜排开，仍沿袭人工踏碓。抄纸槽两个，一大一小。大槽抄大纸，安置在地面上，为了省力，大纸簾用绳悬在棚梁上。小槽则为北张村常见的传统下沉式，人站在站坑内荡料入帘，布局与张逢学、马松胜家的纸槽如出一辙，抄纸工序由王康利完成。

楮皮纸储存库设置在纸坊前，楼房二楼屋内储存着几种打包的楮皮纸。屋内、屋外的墙壁可以晒纸。二楼回廊与前面的平房勾连，连接一起的扶手护栏上也搭晒着纸张，晒纸这道工序由王康利的妻子完成。

照例，王康利家客厅墙面挂着不少装裱好的字画，这些字画都是西安书画家的精美作品，所用纸张即王康利生产的各种规格的楮纸。

在纸坊工作棚外的棕榈树下，放着一块方形、顶部凹陷、捶碓面异常光滑的碓石，显然，这是一个纸坊老物件了，展示着北张造纸的沧桑岁月。

北张村仅剩的几家纸坊，只有王康利抄大规格的纸，为此，他不仅添置了大尺码的纸槽，还添置了大纸帘。王康利向我们展示大纸帘的时候，高高提起的纸帘幅面遮挡住了他的全身，这是我们在北张村纸坊见到的最大的纸帘。在他家的纸库、墙壁上晒的纸中，我们也看到了大帘抄造出来的大规格楮纸。

造 纸

楮树树叶，楮树是造土纸、皮纸的原材料　张锋/摄

　　王康利的楮纸规格有大槽抄造的四尺 140 cm×70 cm，小纸槽抄造的小三尺 97 cm×45 cm，三尺 100 cm×50 cm，特殊用纸加厚 76 cm×51 cm，斗方 60 cm×60 cm，斗方 50 cm×50 cm，一帘两纸斗方 40 cm×40 cm，特殊斗方 25 cm×25 cm。

　　王康利到安徽泾县宣纸厂参观学习过，下一步计划添置多种规格纸帘，除抄造市场需要的特殊纸张外，还抄造关中民间纸坊少见的檀皮宣纸。

　　与张逢学、马松胜家一样，王康利家外墙上也喷着"拆迁"的油漆标识。提起拆迁，王康利妻子一脸的伤心难过，毕竟故土难离，要告别几十年习惯了的纸坊，心里难以割舍。搬到陌生的地方，重建纸坊家园，要花一大笔钱，而且，是否影响造纸作坊的布局，还是未知数。

造纸工艺流程

北张村多年来用本地盛产的植物为造纸原料，用得最多且延续至今的是楮树皮，因为楮树速生且资源丰富、杂质少。目前，北张村沿用的传统造纸工艺全部由手工完成，这种古老的手工艺，使用工具简单，但操作工序复杂，出一张成品纸需72道工序，要付出常人难以想象的劳动。以楮树皮造纸为例，主要工序有18道。

采皮：即采集用于造纸的原材料，将砍下的楮树进行剥皮。连绵不绝的秦岭山脉为造纸提供了天然原料。造纸艺人在每年的春季和冬季分两次采集树皮。由于季节不同，采集的树皮品质也不一。春季采集相对容易，采集的树皮较嫩，造出的纸也相对较黑，冬季则不然，冬季采集相对困难，采

处理后的楮树皮　赵利军/摄

洗后的楮皮原料　赵利军/摄

集的树皮成熟，经过蒸料处理，造出的纸也就洁白。

捆扎：即把采集到的树皮进行整理，扎成捆，每捆不宜过大，以人能提起或用叉能翻动为宜。晒干，存储备用。

浸泡：就是把多捆树皮浸泡在河水中约 24 小时，使树皮充分吸水，得以软化。这也是一个去除杂质的过程，当地人一般都会在沣河或者沣惠渠中浸泡树皮。

蒸皮：即对树皮进行更进一步的软化，上锅蒸。家中架有一口大蒸锅，俗称皮锅，通常为泥土盘垒的大灶台与土锅连为一体的圆柱状陶土锅，以柴火为燃料，体型巨大，人们需要站在高凳上才能进行挑动等操作。这个过程就是将原料垒放到锅中隔水蒸约 12 小时，让其进一步软化。

踏碓　赵利军/摄

切番　赵利军/摄

泡穰　赵利军/摄

捣浆　赵利军/摄

张刚在用古法抄纸　赵利军/摄

碾压：把蒸好的树皮散放在石碾盘上碾压，使树皮上质地较硬、不含纤维的表皮和穰皮纤维分离。

灌浆、发酵：将碾压过的穰皮在生石灰水中浸蘸后，堆放发酵约 24 小时，目的还是使树皮纤维在石灰水的发热作用下充分发酵，将黑色表皮纤维彻底褪去，充分软化。

蒸穰：把发酵好的穰皮再一次放到皮锅上隔水蒸约 12 小时。

漂洗：把蒸好的穰皮放到河水中漂洗。此过程要充分浸水，其间还要人工进行踩踏、揉搓、翻动，彻底冲去石灰残渣、残液，除去表皮碎屑和杂质。

揉穰、淘穰：把漂洗过的穰皮放到平整的石头上搓揉，再在水中淘洗，最后一次去除非纤维的杂质。

踏碓：这个工序在纸坊词典中细说。

切番：将番子折叠后，一层一层垒架在切番凳上，折叠的宽度与凳子同宽。用特制的大刀进行碎切。此环节看似轻松容易，实则最见功力，最考验造纸工技艺水平，平常人看似如削泥般轻松自如，实则功力和手劲没有十年八年的历练，难成此游刃有余的刀法。它是古法造纸的关键环节之一。

捣浆：将切碎的纤维碎块放进石臼中用木槌反复捶打成柔软的纸浆团。

洗浆：将盛有纸浆团的淘单（纱布包裹）浸入河水中涤荡淘洗，纸浆团在淘单中翻滚，漂去纸浆中残存的杂质。

打飞杆：也叫飞槽、杖槽。把纯净的纸浆团倒入特制的纸涵水中，即专门垒制的抄纸池中，用棍棒等工具搅动，直到纸浆团散开，纤维在水中均匀分布，形成纸浆。这个工序用力劲猛，更能彰显纸匠的激情与精气神。

抄纸：用竹帘在纸浆水中抄捞。这一步是造纸的重头戏，成纸的好坏就在这看似简单的一捞一提，其技术的关键是手上的拿捏有度，不然捞出的纸就会薄厚不均，甚至无法揭取。抄好的湿纸翻放在纸床上，垒摞成沓。

压杠：在成沓的湿纸上盖上木板，放上石头等重物，挤压去除纸中的水分。

晾晒：从去除水分后的纸沓上一张张轻轻揭下湿纸，贴刷在土墙上，自然晾干。

揭纸：把晒干的纸一张张从墙上揭下，经过整理、裁切，百张叠撂为一刀，数刀为一包，捆扎等待出售。

楮纸特点：第一，抄成的湿纸，不使用阳桃藤汁纸药，就能进行分张，很自然地揭开。第二，自然晾干。墙壁贴晒的湿纸，是北张村家家户户最独特的风景。自然晒纸虽然时间长，但自然晾晒使纸张内排列有序的纤维内应力自然产生形成纤维链接，使用纸张时，纸张的"燥气"在自然焙干这一过程中早已去除。也就是说，晒好的麻纸不需要静置好长一段时间来"解除纸张火燥脾气"，直接就可书写。第三，楮皮原料需要两次的石灰水浸泡，这样造出的纸抗腐蚀，不会生虫。纸的颜色是树皮的自然本色，淡

张逢学儿媳把抄好的湿纸逐张揭起来　张锋/摄

淡的棕色，古朴雅致，不会褪色，透气性好，富有弹性、韧性，无毒、环保、耐用，吸墨性强，久存不陈，成为历代书画家喜爱的书写用纸。第四，白麻纸的加工只是比楮皮纸多了一道漂白工序，纸张更加精致、古朴、自然，不褪色，不泛黄。现在，在穰里加入适量的纸浆，造出的楮皮纸、白麻纸轻薄、光滑、柔软，墨色的渗化效果更好。第五，可以自我修复。将一张平展的楮皮纸揉成一团。展开楮纸，灯光下，楮纸的质感犹如绸缎，非常"水色"。若将这张揉过的纸静置一年，再看这张楮纸，将会在岁月的陪伴中，纸张慢慢恢复原貌。

纸坊词典

北张村整个手工造纸程序算是完成了。这些工序中还有许多鲜活的词

北张村张逢学儿媳把纸贴在墙上自然晾干　张锋/摄

汇，与造纸工艺一起流传下来，这些带有北张造纸印记、经验、生活气息的特殊词汇，与北张村造纸工艺流程相得益彰，有必要作为北张村造纸工艺流程的再补充。

皮锅：在我们采访张逢学的时候，张逢学说得最多的话语就是："做穰凭的是蒸化，蒸化凭的是皮锅。"皮锅就是蒸楮皮的"锅"，用青砖砌成，呈圆柱形。相当于《天工开物》中记载的蒸煌。蒸煮时，"锅"上面要覆盖一层煤渣，以利透气。第一次蒸煮后，翻出楮皮，拌白石灰，再盘入"锅"，第二次蒸煮。蒸煮楮皮，火候要到，马虎不得，人必须守着，观察火势，不大不小，一天一夜，方能完成。

碾穰：楮皮蒸煮好以后，捞出，放在石碾盘上，用碌碡碾，这道工序叫碾穰。碾好穰，就进入化穰流程了。

化穰：有关化穰的"典故"是张逢学为我们提供的。化穰在沣河里进行，夏天容易化穰，人站在水里，凉快舒服。但在冬天，面对冰冷刺骨的河水，谁都会心生畏惧。那时候，家境好的，穿着高筒皮靴子下河，家境不好的，光脚下河，河里的流冰直往腿上碰，把人的腿碰得砰砰响。河对岸秦镇的人抄着手喊北张纸匠冷不冷呀？北张的人说我会念口诀，一念口诀，就暖和得很。暖和啥呀，化一回穰，小腿上冰块碰得青一块紫一块，全是红疙瘩。邻村人讽刺说北张村人不怕冷，人家有祖传法术，口诀一念就不冷了。

石槽：抄纸的石槽，对走过不少纸坊的我们来说并不陌生，但真正了解抄纸槽是在马松胜的纸坊里，有关纸槽的布局、尺寸都是马松胜为我们解释的。纸坊池子深约 60 cm，长和宽约为 130 cm。槽为石板槽五大块或者六大块。北张村的石板均为人力从北山（陕北）背回，石槽位置均设置于向阳院内右手，并为石槽专盖一间简易房遮风避雨。于地面挖坑 60 cm×130 cm×130 cm。确实下沉三合土基础。将五到六块石板自底部铺设到四周围，上口与地面持平，结合部缝隙用三合土填充、夯实、咬缝，夯实石槽外围土，"一合槽"方大功告成。需要补充的是，北张村抄纸石槽与洋县的一样，都是下沉式纸槽，单抄纸槽做法千年不变这个细节，也在向我们透露着蔡伦造纸术对长安北张村造纸的影响，同时也在还原着蔡伦后人逃到北张后，给北张村人的祖先带来的不仅是造纸术，还有蔡伦造纸模式习惯的信息。

槽，不仅是常见的名词，在这里，也是专用的量词。槽一端设一下沉地坑，大小仅容一人左右回旋空间。石槽与站坑紧邻一面石板上外斜收、底部向内斜伸张，站坑底大，口小，呈倒楔状，预留纸匠抄纸时脚的重心空间。站坑左边盘设炉灶，灶上放脸盆，或放一个小砂锅，灶下木炭或蜂窝煤烧水，夏天除污除汗，冬天暖手。其实，北张村的小砂锅就是蔡伦后人逃难从洋县龙亭带过来的纸坊器具，北张村楮纸抄造不需要加纸药，因此砂锅与纸药的盛放没有关系。右边平放着一个青石板，称"簾床"。簾床擩

晾纸　赵利军/摄

胚纸，呈正方形，平坦，光滑。贴墙根，距纸胚顶部持平高度，墙面留压榨湿纸固定杠端受力洞。平时收杠，压榨湿纸时将木杠一端置入墙洞，纸摞上盖覆木板衬护，另一端以逐渐增加石头压榨。纸床台四周外围有窄窄的退水沟，沟与石槽勾连——可将湿纸中的水分通过水沟泻入石槽，杖槽、抄纸时溢出的水也通过水沟重新注入石槽。虽与水相伴，但操作现场干爽，无湿漉漉让人无法下脚之遗憾，利于操作、水资源合理利用。

和捣子：即打浆。将切碎的"番"倒入石槽或石窝，加少量水用木榾柮打，和成稠糊状浆，称"和捣子"。

淘单子：把打和好的纸浆倒在粗棉布单（俗称"淘单"）上，收四角，提起，放入河水中淘捣，淘去杂质，曰："淘捣子。"

搂槽：将淘洗净的纸浆倒入纸槽（即纸浆池）。用木榾柮搅拌均匀。搂槽，为二人操作，分别在槽的两端搅拌。木榾柮顶端迎水面浑圆如海豚头，逼水省力，反面吃水凹收向木榾柮与木柄连接点，翘起如翅，利回怀收水。

杖槽：用木棍作为水杆杖在纸槽的一端飞快搅动，使纸浆成絮状，纸絮均匀悬浮于水中，再用"龙木"将浮在水面上的絮状纸浆顺水推在纸槽的另一端备用。这是抄纸前的一道工序，将一合槽中纸浆搅得惊涛拍岸时，杖槽便升级为飞杆。

吸鼻头：抄纸时，将纸帘担在帘架上，双手握帘架两边前半部，帘架前半部入浆池、后拉，再向前移，该操作为"吸鼻头"。即两次帘法的第一步。

晒纸与占墙：一般来说，男人抄纸，女人晒纸。晒纸的墙是有限的，如果起床迟了，墙面让人占完了，抄的湿纸没处晒，就只有等得湿纸发霉。所以，北张村的女人约定俗成，半夜三更占墙，谁先占到墙面，谁才拥有站墙根晒纸的可能。

踏碓：通过木碓重力势能处理，细化造纸材料，使楮皮变成比较细致的纤维。由二人操作，长长的木头就是碓杆，一人用脚踏动碓杆一头，另一头的枣木碓头随之升高，重重落下来，砸在"穰"上。另外一人坐在另一头，也就是放"穰"的地方，看着碓头上下起落，他的任务是反复翻动树皮，使穰皮均匀被砸，被不断粘接，最后搭贴成一个整片。这个整片，俗称"番子"。这是一道出力的工序。

切番：是将做成的番子整齐堆放在特制的厚板凳（村人称切番枕）上，番子上套一个绳圈，绳圈下端用脚踩紧，两手持双柄切番刀，将番子切成1.5cm 的小块。目的是将楮皮纤维切断，通过再次捣穰皮后，楮皮纤维在抄纸槽的水中均匀悬浮，并在抄纸帘床上均匀排列，通过荡料入帘这个工序，使悬浮楮皮纤维形成湿纸。

踏细、切粗、多和、少撸：这四个词语，说的是踏碓、切番、杖槽、抄纸四大工序的要点和质量要求，精炼，简洁，是纸匠长期工作的经验总结。

纸花：北张村的"纸花"是对纸张纤维在纸张结构内部排列顺序组合而形成类似花一样图案的界定标准。一张纸的优劣，行家里手往往要以"纸花"是否绚丽多姿来论定。前面我们已经说到，在抄纸的过程中，纸浆与水的流动方向、以及纸帘与水流、纸浆流种种碰撞、互动产生的因果反映在成纸上的纤维组合方向。如果在造纸的过程中，每一个工序——蒸、化、切、捣、杖槽、荡料入帘都到位，那么纸上的"花"就格外好看、迷人，一张纸一个样，纸花不会重复。过去，北张村一直用沣河水化穰、蒸穰，就连抄纸槽的水都是沣河水，那时候纸张质量好，纸上的纸花"鲜艳夺目"。随着沣河水量的减少，以及集体化时机井使用的便利，北张村开始舍远求近用井水造纸了。作为家庭的小作坊，抄纸池比较少，用井水、自来水很方便，用沣河水就比较麻烦，也就不再用了。纸花不去讲究，这是没有办法的。

细说 "抄纸"

抄纸的技术性很强，也是造纸工艺流程中一个极具观赏性的活儿。以马松胜为例，看看怎样抄纸。

先说几个有关的词汇。

抄纸槽上面纵横排列着四个木杠子，称"龙架"。

龙架上左右移动的短竹竿，称撑杆。撑杆用于撑起帘架。

帘架两边各有一个挡尺，俗称"页尺"。页尺，是固定纸帘用的。

计算纸张的多少，不用数，而是用"尺码"——用铜钱或纽扣为"码"，放在抄纸工的旁边。

抄纸工的站坑左边放着小火炉，炉上放小砂锅，冬季纸匠抄纸暖手，夏天除汗，称暖锅。

站坑右边平放一块青石板，用来覆帘压纸，呈正方形，平坦光滑，用来摞胚纸，称胚架。

马松胜丢掉褂袄儿，上身只穿蓝布衫，向水槽内加纸浆料，接着用骨杵搅拌，用杆子杖槽、打飞，使纸浆纤维均匀悬浮于水中。马松胜说，杖槽、打飞是个体力活，这个工序完成后，纸匠都会出一身汗。

抽一根烟，歇一会儿，休息的时间约为五六分钟，为纸浆的稳定期。

一根烟抽罢，他又站在坑里，开始抄纸了。

取下帘床左右页尺，推帘床落入槽里，使帘床漂浮于纸浆之上，用页尺把帘床顶到槽的对面，再用页尺轻搅表层纸浆，然后把帘床勾回怀里，铺上竹帘，安上页尺，固定好纸帘。

造纸凭的是水法，人借水力，水借人力，不间断地荡漾，很有节奏感、韵律感。他把纸帘担在帘架上，双手握住帘架两边前半部，帘架前半部斜插入浆池，向后拉，再向前移，使纸絮先附着于竹帘前端一小部分，这个操作过程为"吸鼻头"。接着，他双手托起帘架，将帘架后半部斜插浆池，抬起、平晃，待浆液中絮状物均匀满附于竹帘上，担帘床于撑杆（亦称"拨拉杆"）滤水，移去左右页尺，提帘，转身向坯架，覆帘压纸，揭纸领，使纸领落下，附贴在纸坯上，提帘、拉竹帘，纸帘倒立，湿纸全部上坯，就算工序完成，便移动铜钱或者纽扣为"码"计数。一个抄纸工序完成结束。一张"湿纸"就诞生了，有待晾晒了。

马松胜在抄纸的间隙中，为了防止悬浮的纸浆絮状物沉淀，还要间隔用杖杆将纸浆"扑登"起来。马松胜说，这样做，虽然出纸的数量减少了，抄出的纸薄厚均匀，质量却上去了，这便有了"少出货、多扑登、造纸没窟窿"的经验总结。其实在古法造纸的每一个工序中，都存在"回头看"的工序重复，手工纸的精致正是在于各个工序的"细工慢活"，不能急于赶数量。

马松胜抄纸结束，在坯纸（湿纸）上依次盖草帘片，杀坯板，再在坯板上竖两根短木，短木上再横放一根短木，将大梁（即压杠）插于纸床顶端内壁孔穴，然后在凹梁另一端镇上石头，凭石头的重量慢慢压榨出坯纸中的水分。坯纸中水分经过多次压榨，纸坯不再有水分挤出，才去掉镇纸上的板、木杠，依 200 张一沓计数，卸下坯纸，交给妻子去晒纸，自己又开始抄纸。

马松胜站在坑里，在纸槽前抄纸时，他的妻子将湿坯纸斜靠在条凳上的木质"坯架"上，一张一张剥离，用棕刷送贴，粘贴在附近的墙壁上，湿纸之间错开 10—15 厘米，形成叠贴，如多阶踏步，远观若梯田。张逢学家、王康利家都有这样的晒纸景观。

等墙上的纸自然晒干了，将纸揭下，堆成一垛。等儿子、儿媳、孙子回来了，一家人围在一起分纸，一百张一沓。马松胜用剪刀裁齐纸边，百张折角，五百张一摞。在全家人喜悦的谈笑声中，造纸的艰辛滋味也就烟消云散了。

纸匠与匠心

北张村的纸匠讲究的是匠心。什么是匠心？我们选择两个有关的词汇来阐述。这两个词汇分别是"站胀"与"净活"（或者"烂手"）。

站胀：这个词汇是从马松胜口里说出的，当然也是北张村纸工代代相承下来的行业语汇。这个词汇主要针对抄纸工的职业特征，指的是他们的职业病。

抄纸工抄一天纸，姿势始终是站立的。除了吃喝拉撒睡，工作的空间、岗位，就是一米见方的坑，刚学抄纸的年轻人戏称这个坑是"地牢"，或者"站桩"。抄纸工要在这狭小的坑里，以站姿完成造纸的两个工序——在抄纸槽边完成荡料入帘，转身在覆帘压纸台上完成覆帘压纸。抄纸工在抄纸时已完成了杖槽工序，楮皮纤维也已均匀悬浮于水里。荡料入帘后要完成一连串的工序：沉帘床、推帘床、页尺轻搅、以页尺勾回帘床、置竹帘帘床并以页尺固定两端、双手抬帘、斜向前倾插入纸浆池、待纸帘前面絮状纸浆着帘约五六厘米宽、抬帘、反向插入纸浆池、纸帘全部沉入水里、持平、微晃、待纸浆均匀附着纸帘、微倾抬帘、使帘内余水自溢水口泻落纸浆池里、纸帘置床架沥水、取出页尺、提出竹帘、转身覆帘、轻提纸帘领一端、纸与纸帘分离、覆帘压纸工序完成。如此繁杂的工序，循环往复，单调却并不简单，既是枯燥的劳动，又是一种艺术创造。而抄纸这种劳作，在坑里始终保持站姿，重心集中在腿上，站一天，不觉得什么，连续站两天、三天、四天，晚上躺在炕上，腿肚子肿胀得不知道往什么地方搁才能舒服。抄纸工腿肿得走路都挪不动了，还硬是挂着棍走到抄纸作坊，下到坑里咬着牙继续干。适应后肿胀会渐渐消失，但是过了几天，又会反复，再腿胀，再消失……直到站在抄纸槽前不再出现腿胀了，学徒工这时也就出师了。抄纸工比其他工种的工资待遇要高得多，令人羡慕，就会积极地拜师学艺，但不少人熬不过腿胀这一关，还没有出师就不得不放弃了。有人说，抄纸工不是师傅教出来的，而是靠自己战胜自己的生理、心理痛苦熬出来的。

再说净活（也叫烂手）：这也是专门对抄纸工而言，讲的是在抄纸时出现的精神性变化，引起生理反应的一个神奇现象。如果抄纸工在抄纸前有什么不愉快的心结，闷闷不乐，情绪抑郁，站在抄纸坑里抄一天纸，虽然身体没有异样的感觉，但睡了一夜，第二天起来，双手就会奇怪地产生烂皮，甚至严重溃烂。一般来说，不论是谁，手泡在水里时间久了就会起褶皱。这是怎么回事？原来是手上皮肤的角质层细胞吸水膨胀导致的，角质层内部结构比较奇特，它不仅使脂质把细胞连接起来，还阻挡了水分的通过，水分一层一层逐渐往里增加，一点一点突破底线，内层细胞就会膨胀成扇形，内外层细胞产生挤压，皮肤褶皱便产生了。也就是说，人的手对水中的浸泡存在生理上的敏感。另外，人类还存在情绪的生理机制，也叫情绪体验和情绪的身体反应。这种情绪的身体反应以积极的和消极的两种形式出现。积极的情绪反应无疑会增加抗病免疫力，而消极的情绪反应会使人抵抗病菌感染的免疫力下降，疾病会乘虚而入。北张村纸匠说抄纸凭的是水法，是说抄纸工的双手注定要与水永不分离。抄纸工情绪的低落，在生理上的变化就是免疫力降低，隐藏在水中的病菌更易乘虚而入，为抄纸工双手溃烂埋下隐患。一旦双手溃烂，医术再高明的医生也无能为力。毕竟心病还须心药医。怎么办？这时有经验的老纸匠会揪一把楸树叶子，用铁锅熬成汤汁，把手往汤汁里一放，简直是万箭穿心的痛，但只要熬过钻心的疼，手就会奇迹般恢复，再去抄纸，就适应了。因而，学徒抄纸，师傅会蹲在抄纸槽旁叮咛：抄纸的时候，不能生气，不然的话，抄一天纸，纸都会成为次品。这还不要紧，要紧的是睡一晚上，手就烂了。也有人解释，"烂手"的年轻纸工到村外找楸树，楸树生长在原野，走出纸坊也就走出了情绪不稳定的气场，寻找楸树叶的过程就是融入大自然和谐气场的过程，也是情绪好转、身体免疫力恢复增强的过程。可见抄纸不光是一种体力劳动，还与心理活动有关，因此，北张村纸匠称抄纸为"心活"。

抄纸是造纸技术含量最高的一个"心活"，同时也是一个"净活"。抄纸的人如果搁不下心里的烦恼，这个人就只能干别的事，打杂、帮下手，绝对不能从事抄纸这个工种。抄了几十年纸的纸匠的经验是，情绪低落时就断然放下抄纸这个活路，做其他的事，让视线离开抄纸槽，回归大自然，调整心态。活路紧时，叫他硬上，由于心绪不宁，影响抄纸手法，导致抄出来的纸薄厚不匀，掌控不住水中悬浮的纸絮匀称排序，抄出来的纸张不是有小孔就是有裂缝，不得不作废。北张村抄纸非常讲究，抄纸工一定要学会迅速调整心情，善于掌控个人的情绪。不然的话，即使会抄纸，永远都是二三流的纸匠，一辈子无法抄造出质量上乘的纸，会被同行耻笑，获得的待遇、报酬也是比较低的。

北张村书画用纸　赵利军/摄

北张村手工纸成品　张锋/摄

一流的抄纸工就不同了，他们几十年如一日，抄造出来的每张纸都是优质纸，极少出现问题纸，这种状态会保持始终。这样的纸匠受人尊敬，被人爱戴，待遇也自然水涨船高了。这样的好纸匠，被称为能工巧匠，也就是"大工匠"。然而，随着工业化制纸的出现，传统手工造纸无论在产量、质量，还是经济成本以及价格上尽显劣势，衰落显而易见。在这样的社会大环境中，许多纸匠另寻生路，放弃祖祖辈辈的传承，完成了行业身份转换，传统的造纸专业村慢慢解体。个别曾经的"大工匠"经历了大浪淘沙坚守下来，譬如张逢学、马松胜，难以割舍精湛的造纸手艺，成为村里宝贵的纸匠"标本"。为了能够留下祖先的这份手艺，他们在精神上付出了熬煎，在经济上得到的是卑微的回报。从某种意义上来说，如果不是政府对非遗的大力支持，恐怕这里再也看不到古老的造纸术了。

北张村纸的品种与用途

北张村现在造的主要是楮皮纸，俗称"土皮纸""毛边纸"，因为大小、薄厚不同，名称和用途也是不同的。

按照用途划分，一是作为书画纸，有斗方纸、小三尺、四尺整张。应用最普遍的是书画爱好者的练习纸，俗名毛边纸。

二是生活用纸，如医院骨科的专用纸（医生为骨折患者正骨后打石膏，在打石膏之前，用楮皮纸贴着骨折部位敷裹，形成一个肌肤感觉柔软舒适的面，再贴着楮皮纸敷裹层打石膏。楮皮纸透气性好，杀菌，对皮肤没有刺激）、民间祭祀用纸、民间社火扎纸、餐饮腊牛肉和茯苓茶包装纸、酒窖用纸以及客户需求的其他特殊用纸等。

三是文创纸，如太阳花纸，书签纸，生日、婚庆、典礼仪式的签到簿，灯罩纸。

四是做线装书、线装簿等。

在西安市城内三学街，长期从事书法创作的国家一级书画师王绪举特别喜欢北张村的纸。他说，这种纸不仅好用，而且永不变色，无论是写书法还是画国画，都有非常好的质感。浓淡干湿，能够达到理想的效果，把笔墨表现得淋漓尽致，好像墨能全部沉到纸里面，把立体感充分表现出来。它还有另外两个好处，第一是纯天然，第二是纯手工，没有任何化学污染，所以保存期特别长，过去有句话说"千年文书能说话"，就是指这种纸。

第五章
周至起良，风生水起

在起良村，我们和白马河旁边的人们交谈，对这里流传的造纸谣谚很感兴趣，便不厌其烦地刨根寻源，顺蔓摸瓜。"有女不嫁起良村，从早到晚立墙根"，"起良人，不嫌困，整晚上，来踏碓，吵得人，不得睡"说明了造纸生活的艰辛和忙碌。

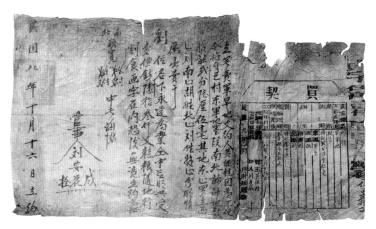

周至起良造纸，用汉麻纸制作的地契　张锋/摄

周至县起良村

周至县原为同音的"盩厔县"，"盩厔"是周旋、折旋之意的假借字，曲折之意是它的引申义。唐李吉甫《元和郡县志》中这样解释县名的来历："山曲曰盩，水曲曰厔。"这就说明周至县是以山水的曲折回环为特点的。盩厔县名沿用已过 2000 余年，"周至"是新中国成立后为了文字简化才改的新名。周至县的大部分地域在南面的秦岭山地，北面的平原部分濒临渭河，因为有山有原，物产丰富，自古就有"金周至"的美誉。

周至县自西汉起就是京畿之地，秦岭北麓的上林苑是皇帝狩猎的地方，终南山下的五柞宫是汉武帝的行宫。秦岭的峪口道路是通往汉中的通道，除了境内的傥骆道，子午道距离这里也很近。这里的繁华和这里的地域特色相关，我们现在要说的起良村造纸，也与这里的自然环境密切相关。

先说一个既遥远又贴近的故事：公元 121 年，也就是汉安帝亲政的那年，蔡伦在洋县龙亭遭遇祸患而自尽，对于蔡伦的族人、下人来说无疑是一场灾难。曾因蔡伦得宠而备享皇室恩惠的族人群体，突然间"大厦将倾"，秒变"罪民"，为了求生，这个群体开始了隐姓埋名四处逃亡的生活。与长安北张村相同，有两家人逃至秦岭北面的利泽里刘地（即起良村），将造纸工艺传授给了村民。这真应了圣哲老子的那句话"祸兮福所倚，福兮祸所伏"，原来秘不外传、掌握在以蔡伦为首的族人之间的造纸术，因蔡伦之死触发一场大逃亡而广泛传播。

明朝以前，起良村称为"利泽里刘地"。明万历十三年（1585），利泽里刘地连中三位进士：金石学家赵崡、太傅卿赵于魁、大理寺评事刘垂芳。刘垂芳与赵于魁联名上奏万历皇帝，要求赦免利泽刘里田租粮赋，扩大造纸规模，得到万历皇帝准奏。从此这里造纸业发达，没有人再种地了，被时人称为"没粮村"，后依"舍弃粮赋"谐音命名为起良村。

前面，我们在长安区北张村造纸一章中提到丰镐遗址上的灵台，有关

起良村在秦岭北的关中平原上（航拍） 张锋/摄

周至起良村的变迁，深藏于《左传》之中："晋饥，秦输之粟；秦饥，晋闭之粜；故秦伯伐晋侯，……秦获晋侯以归……乃舍诸灵台……""秦获晋侯以归"后，因"秦晋之好"，晋侯家眷、臣属被秦穆公善待，择地灵台以西，今周至、鄠邑区界河白马河两岸居住，后形成村落，以"晋"命名，遂成今周至县西晋、鄠邑区东晋两个村落。利泽里刘地即处于东晋、西晋之间，被白马河的洪水荡来荡去，直到最后定居在今天这个地方。

东晋村与西晋村，隔白马河相望，以三眼桥相通。传说西汉末年，王莽篡位，大刀苏显追杀刘秀，刘秀逃至白马河，五柞宫土地神见是汉武帝的后裔，趁着大雾弥漫把走投无路的刘秀藏在三眼桥下茂密的蒲草丛里，对追来的苏显说人往西走了，刘秀遂躲过一场劫难。后来，汉光武帝刘秀为白马河三眼桥头立了一个石狮，栽了一棵柏树，加上三眼桥拱顶两个石刻兔子，便就有了"一头狮子一棵柏，两个兔子往南跑"的民谣。

五柞宫是汉武帝时的宫殿，因宫内有五柞树（一说为梧桐树），其树荫盖数亩之大，故称五柞宫。五柞宫就在今天的集贤镇附近。起良村东刘姓谱系的姓名里，与汉安帝所处的东汉，蔡伦造纸的历史时代，存在着某种神秘联系，尽管起良村刘姓纸工不是汉安帝的后裔，但很多人的名字里有"汉"和"安"字。在起良村，与造纸有关的很多词汇也冠以"汉"字。如"纸汉坊""纸汉池""纸汉石""汉麻纸"等，这些独特的造纸工艺词汇，涉及的楮皮纸、造纸工具，莫不深深打上"汉"的烙印，表现了纸工对蔡伦"汉纸"工艺的崇拜。

最早的起良村村址在白马河东岸。白马河泛滥成灾，不是淹没农田、村庄，就是冲倒起良村的"蔡伦庙"、祭祀蔡伦的"祭台"。起良村的祖先经过勘察、商议，将村庄迁到今天这个地方。迁址后，起良村修建四面围城，挖掘南北两条城壕，以防水患，又作造纸泡皮水池用。接着，在起良村东、白马河西又专修一水渠，以起良村东刘姓命名为"刘家渠"，大旱之年，引白马河水入城壕，供泡皮使用，大涝之年助白马河排洪。

当起良村的村落初成格局规模后，又在村西重修三间蔡伦庙（当地人称伦神庙），供纸匠们祭祀。起良村人把蔡伦尊为"伦神"，把祭祀蔡伦叫祭祀伦神。过去，起良村每家造纸作坊都有蔡伦画像，供奉着"纸圣蔡伦祖师的神位"。每年农历正月十五、十六两天，是起良村举行祭祀蔡伦仪式活动的节日。祭祀伦神活动内容包括：请戏班子唱大戏；在白马河旁搭建临时神棚，将伦神巨幅画像挂起，焚香燃蜡，专人守候；神棚后栽立一根数丈高的"高照"以及几十杆彩纸，全村男女老少列队跟随在锣鼓"马角"后面，手持香火，在村里来回舞动；请邻村锣鼓队前来助兴，组织"跑竹马""牛斗虎""大头娃""抢火球""念小曲""演滑稽戏"等民间文化形式，庆祝造纸文明薪火传承。除此之外，村子还成立了小曲自乐班，领班的一

白马河上的三眼桥　张锋/摄

三眼桥券拱上的石雕　赵利军/摄

个叫周凤琪、一个叫张孝谦，是起良村东刘、张、周三姓人结为三义堂的骨干，一到三伏天停工、晚上乘凉时，就组织排练自编自演的《砍构歌》《工价歌》，这些歌平时排练，到祭祀日在神棚自乐班给蔡伦演唱。

《工价歌》的歌词是：

> 一个月工价一个婚，高高兴兴娶新人。
>
> 两个月工价一头牛，吃饭穿衣不用愁。
>
> 三个月工价买骡马，马拉车辗呼啦啦。
>
> 四个月工价置田地，地多打粮食充饱饥。
>
> 五个月工价把房盖，四合院修得好气派。
>
> 六月七月不抄纸，歇身养性避酷暑。
>
> 八月九月攒余头，精打细算水长流。
>
> 十月的工价奉先生，教子寒窗把书读。
>
> 十一月上山去蒸构，来年料足不用愁。
>
> 腊月天寒地冷冻，能抄好纸不得停。
>
> 工价钱，过年用，置新衣，买酒肉。

这是我们如今见到的关于纸匠生活的比较完整的民间文艺作品，也可能是全国罕见的纸乡歌谣。

在起良村，我们和白马河旁边的人们交谈，对这里流传的造纸谣谚很感兴趣，便不厌其烦地刨根寻源，顺蔓摸瓜。"有女不嫁起良村，从早到晚立墙根""起良人，不嫌困，整晚上，来踏碓，吵得人，不得睡"说明了造纸生活的艰辛和忙碌。有些民谣表现了造纸的工序和操作方法："右手掐角左手揭，再用棕刷墙上贴，上下刷纸纸面光，用心晒纸不慌忙""水里生，墙上长""冬捞纸，夏打铁"……

起良村造纸原料为楮皮穰，造出来的纸为汉麻纸。汉麻纸分黑白两种。黑麻纸原料为春季芽穰皮，纤维粗、长，适宜于做包装。商店、铺坊、中药房，用黑麻纸包装中药、盐、碱、糖、点心。熟肉店用黑麻纸包肉类，三

起良村（航拍） 张锋/摄

伏天肉不发霉、不变味。包茶叶透气性好，可延长茶叶存放保质时间。粮库用黑麻纸裱糊粮仓，可防粮食霉变；农业科研单位、地质勘探部门，专用黑麻纸包装样品、标本；过去，人们用黑麻纸糊洞房顶棚、墙壁；匠人用黑麻纸为农家造风箱；炮厂用黑麻纸做炮捻子。酒厂用黑麻纸裱糊酒海，时间久了，会使酒味更加香醇；过去的油贩子，用黑麻纸糊油篓，麻纸糊过的油篓不漏油、不渗油；医院里，妇产科接生，使用黑麻纸吸水除菌；骨科用黑麻纸代替石膏，有消肿止痛的功效。白色麻纸原料仍为楮皮，只不过比芽穰皮多了一道蒸的工序。用蒸穰皮制造的纸，色白、纸薄，适宜于书法练习、抄写文契和印刷书报。冬季楮树皮难剥，用锅蒸后，剥下的楮皮称蒸穰。

白麻纸造价比宣纸低，过去一直当练习书法使用。初学毛笔字，使用白麻纸更为合算，白麻纸虽薄亮，但筋色好，不发、不洇、吸墨、不褪色。如今，书法受到学校教育的重视，除了在校学生，还有一些成年人也喜欢书法，练习写毛笔字的人越来越多，这种纸的销量还会持续增加。

前面我们已经说过，芽穰皮与蒸穰皮的区别为：芽穰皮采集时令是春季，楮树发一两个芽时采集，此时楮树皮剥起来爽利，不费事，不需蒸煮工序，因称芽穰皮。这种皮子造的纸张是优质的，据说，名闻遐迩的周至《集贤古乐》乐谱手抄本，白居易在周至县做县尉时的诗篇《长恨歌》《观刈麦》的用纸，就是起良村汉麻纸。起良麻纸最大的购买商是酒厂，陕西境内西凤、太白、龙窝等酒厂糊酒海储存陈酒，就是用起良的麻纸。起良麻纸做过秦腔剧团演员的卸妆专用纸，用这种纸面部皮肤不过敏、不老化。秦腔名角肖若兰、苏蕊娥、华美丽等长期使用起良麻纸，为了表达她们对起良纸匠的感激，1949年秋天专门为起良村义演了三天四夜。

起良麻纸也用于博物馆、图书馆、寺庙、古线装书修复、制作等，明、清、民国，起良白麻纸用来印制报纸。据说1940年前后，起良村人用扁担挑上麻纸去耀县（今铜川市耀州区），通过地下党组织秘密将纸运给中共联络站，送往延安，供根据地办公用。

起良村莲叶寺门前石雕　赵利军/摄

白马河三眼桥上的石雕　赵利军/摄

合作化时，起良成立了副业社，专门从事造纸，负责采购原料、生产、销售、服务。公社化时，到处"放卫星"，提倡"高产田"，但起良村造纸始终未停。该阶段起良村的纸近销宝鸡、渭南，远销甘肃、山西、河南。

1960 年前后，秦岭山区搞战备封锁，有了机密工程，位于闻仙沟中起良村原料基地的楮树皮不能出山，加上其他因素，起良村造纸业中断停止。

1970 年前后，老艺人刘德汉为了不让造纸术失传，与几个儿子偷偷干起了造纸的行当，起粮村造纸又出现了转机。当时造纸利薄，但销路不错。起良村仅他一家造纸作坊，老人一直坚持造纸，直到几年后病逝。

1978 年，十一届三中全会以后，改革开放了，随着打工潮的兴起，多种经营的开展，人们纷纷外出，寻找各种致富门路，五花八门，干的工作种类很多。造纸利薄，劳作苦累，原料难找，许多人认为造纸行业不会再兴起了，将祖传的造纸工具弃之如敝屣，有人将完整无缺的"纸坊石"深埋在房子的地基下。纸乡浓浓的造纸氛围彻底烟消云散了，热闹的造纸场面成为欲说还休的记忆。汉代上林苑的五柞宫，曾经的皇室纸作坊，也不再有往日的任何印迹了。纵观当下，曾经用汉麻纸包盐、包糖、包点心、包药材的人家，现在谁不是用塑料袋装东西呢？

2008 年 8 月，北京奥运会开幕式上，长安北张村的张逢学、马松胜在奥运祥云小屋向世界展示中华古法造纸术，在电视机前注目观看的起良村小学校长刘晓东，这天夜里突然失眠了……

胸有韬略的刘晓东

后来，刘晓东每次提起那晚观看奥运会开幕式造纸表演的事儿，总是动情地说："我仿佛被什么东西击中了。"这位身材高大魁梧，说话不乏幽默之风的昔日小学校长，确实因为那一夜的激动，做出了一个重要决定。

那天晚上，仿佛有一把火燃烧在他的胸膛，他在思考，如何让造纸业在村子起死回生，如何筹建蔡伦纸作坊，如何恢复世代沿用的古法造纸工

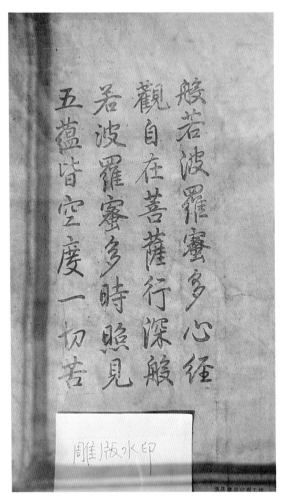

在汉麻纸上印刷的佛经　张锋/摄

艺……

两年之后，也就是 2010 年，刘晓东从教育战线退休了。环顾起良村，健在的掌握造纸技术的老人只剩下十几位了。很多老手艺人都已经步入暮年，而制纸工艺的每一道工序，都需要日积月累的训练与传承，刘晓东开始与时间赛跑。但是，村里大部分年轻人并不愿意继承这种费力不讨好的技艺。作为一名有稳定养老金的退休教师，他不想过清闲日子，几年内费尽周折，筹措了 500 万元，征地盖房，建馆兴业。没有工具，就请教村里老师傅，将记忆中的造纸工具画在纸上制造、改良；没有工人，就邀请亲戚邻居，寻找技艺出众的工匠或者他们的儿子，给他们发工资，要求他们安心从事技艺工艺。买材料、打池子、建作坊、雇匠人、请师傅……事无巨细，亲力亲为。他感叹造纸的工作强度是当教师的十多倍，这让他把一辈子没求的人都求过了，没说的话都说过了，也把这辈子没遭遇的艰难都遭遇了，但他乐意，觉得自己活的有价值、有意义，值。

"古法造纸不是一门好学的手艺，每道工序都自有一套讲究，能掌握其中之一，就算得上是艺人了！"这是他经常吊在嘴上的话，是自己的由衷感慨，也是对年轻人的恳挚教诲。他对造纸的每一件工具的要求都相当严格，架子、握尺须用干楸木做，帘子须用木竹做架子，用公马尾丝缠扎而网，竹子划得比挂面还细，还须经油炸过。为了寻干楸木，刘晓东三进秦岭深山，才找到了几页板头。采购马尾，刘晓东奔赴内蒙古、宁夏、河北等地，找人、寻货源。修石槽，刘晓东和工友数九寒天在冰道上走，从大深山买回一车石板……，依照老艺人记忆，几经繁难周折，做成了各类工具，不合格的拆了重做，直到老艺人十分满意为止。

接下来就进入造纸工艺流程的各个工序了。上山采集楮树皮，经初步筛选、浸泡。将上千斤遴选、浸泡后的楮树皮，盘入一口比人还高的大锅中蒸，第一次蒸后捞出来晾干，放入水池再泡几天，接着再蒸 7 个小时，再捞出、再入水池浸泡，然后踩皮，反复踩踏楮树皮表面黑斑、杂质，再抖皮除掉黑斑、杂质。再晾晒、然后盘皮、浸泡，将树皮踏碓砸成薄饼。随后切番，将多层垒叠的树皮用大刀切碎，舂捣、打浆、捞纸、压纸、晒纸……

2010 年农历正月十六，刘晓东在起良造纸停摆了 24 年后，造出了第一张蔡侯纸，大家都特别开心，因为这张纸和他们小时候看到的一模一样。也就在这一年，起良造纸有了转机，资金落实了，加上老师傅的鼎力相助，以及陕西省文化厅的关注鼓励，"蔡侯纸坊"终于成立了。

为了扩大蔡伦纸坊的规模，使之成为一个展示古法造纸技艺的文化场所，刘晓东跑申请，在村里租地，筹措资金，陕西境内第一家民营蔡侯纸博物馆于 2016 年 5 月建成。不少学校的学生以及外国留学生慕名来这里参观学习，西安体育学院大学生社会实践基地也选在蔡侯纸博物馆，"蔡伦纸"的制作技艺被央视等多家媒体拍成纪录片。经常在电视上露面的刘晓东成了名人，被人称为刘总、刘董事长，但他只喜欢"刘老师"这个称谓。"当

起良村蔡侯纸博物馆馆长刘晓东　赵利军/摄

周至起良汉麻纸　赵利军/摄

周至起良汉麻纸　赵利军/摄

周至起良蔡侯纸博物馆前的汉白玉蔡伦雕像　程江莉/摄

了一辈子人民教师，都叫我刘老师，后半辈子也只是在文化传承上做了一件小事，商业化的帽子就别给我戴了。"

陕西省非物质文化遗产造纸传承人刘晓东自嘲、轻描淡写的"小事"，在现实生活中却是一件很有意义的大事。起良村造纸以家家户户的古老作坊在新的时代谢幕，又以综合造纸、文创、旅游、研学、传承为一体的蔡侯纸博物馆在新的时代诞生，刘晓东的远大目光和实干精神令人赞赏。

原料的采集与处理

这里的造纸原料和长安北张村一样，都用的楮树皮，然而十里乡俗九不同，北张村的楮树皮料间接来自穰商，且楮树大都受沣河滋养，楮皮料有着沣河水的氤氲。而起良村的楮皮料则直接来自自己的楮皮料基地——秦岭大山。而且，起良村各个大户的具体原料地是不一样的，东刘家的原料基地在楼观台闻仙沟，另外两家——黄家的原料基地在马岔沟，张家的原料基地在大曲沟。

像乡村的夏收大忙一样，采集楮树皮要进山，倾村而出，非常忙碌。不妨听听刘晓东搜集的起良村《砍构三字经》：

> 大秦岭，多峪口，构树枝，峪峪有。
>
> 从东边，到西边，起良人，全跑完。
>
> 初冬到，构叶落，卷铺盖，上山坡。
>
> 住家户，歇住脚，用石头，垒个锅。
>
> 手握刀，上盘道，砍构枝，太阳落。
>
> 蒸起构，黑白干，趁热剥，不能慢。
>
> 剥来皮，扎成撮，晒干后，好做活。
>
> 构蒸到，腊月半，车拉皮，回家院。
>
> 料攒够，不发愁，心踏实，来年红。

回到家，将料摞，打扫屋，办年货。

磨麦子，蒸白馍，贴对联，响鞭炮。

杀猪羊，把年过，整个村，好热闹。

过大年，活不干，穿新衣，专心玩。

走亲戚，逛寺院，围成圈，十点半。

祭蔡伦，敬祖先，立高照，送纸货。

敲锣鼓，伐马角，全村人，齐出动。

邻村人，也来贺，人挤满，声喧天。

祭坛前，有乡贤，读祭文，来庆典。

元宵节，年气过，下纸坊，把纸摞。

桃花水，莫错过，再下苦，挣钱货。

（注：构树为楮树的俗称）

　　楮树的枝干运回来了，下来的环节就是蒸构（蒸楮树皮，下同）了。蒸

起良造纸原料楮树皮　张锋/摄

经过石灰水沤淹过的楮树皮原料　程江莉/摄

梳理树皮　程江莉/摄

洗树皮　程江莉/摄

构其实就是对楮树皮的一次粗加工，这道工序是在蔡侯纸博物馆造纸传习所里完成的。以前是在山中"用石头、垒个锅"蒸，时间是冬天，砍下的楮树枝因为难剥皮，经过"蒸"，剥皮便格外的轻松。

现在的蒸构，无论从设备还是方法，都大不一样了。原来是一人高的大锅，取而代之的是刘晓东设计的形状和卧式锅炉一样的炉体，一端是活动炉门，拉开炉门，炉壁两侧设置平行于矩形锅底的钢轨，锅中加满水，将楮树枝整齐装满一板车，刹紧，外形尺寸宛如锅炉，稍小，沿轨道推进锅炉，如蒸馍篦板架于锅上，然后在炉门盖结合处衬软料做密封罐，炉膛添加柴薪旺火烧锅。再装一车楮树枝整装待命。其实，锅炉车即移动蒸篦，钢管框架、角钢桁板面，橡胶车轮，轮距与锅炉中双轨等距。待蒸构房内楮树皮香气扑鼻，打开锅炉门盖，顿时蒸汽弥漫，一股原野上才有的天然香味沁人心脾。待锅炉里热蒸汽不再扑面，拉出移动蒸篦车，将准备好的另一辆蒸篦车送入锅炉，关盖炉门再蒸。回过头来剥蒸好的这一车楮树枝，也就是歌谣中见缝插针地进行"蒸起构、黑白干、趁热剥、不能慢"的工序。刚蒸出的楮枝就像刚蒸出锅的热馍，烫感十足，从刀口一端撕皮，给人一种酣畅淋漓的快感，长长的楮树皮在撕下来的瞬间既散发着热气儿，同时也散发着醉人的楮树香。剥净的树杆黄亮、干净、温热，也透着香味。

楮树皮脱下来了，可以看见，不同楮树品种的树皮所包含的韧皮，它的剖面的薄厚、皮色的深淡、皮部花纹的多寡是不同的。起良村经常用的是红楮、白楮、花楮，莽莽秦岭山地已经提供了这三种楮树。楮树皮原料是有档次的，真正意义上的精品楮纸，是经过严格选料，将白楮与比较小的楮树挑剔出去，留下优质的纯楮树皮作为原料。

蒸构、剐皮结束后，就是"剥来皮、扎成撮、晒干后、好做活"的工序了。等楮皮晒干，黑皮壳脱了一层后，将上千斤选出的楮皮浸泡，等楮皮吸足水分后，盘入一口比人还高的大锅中蒸，第一次蒸后捞出、晾干，放入水池再泡几天，接着再蒸七个小时，再捞出、再入水池浸泡，然后踩皮。

踩皮的目的，是为了清除构皮料上的顽固黑斑和杂质。踩皮用的是踩

人工踩揉楮树皮　　张锋/摄

手工捡出泡好的楮树皮上的杂质，并撕成更细的树皮条　　张锋/摄

榨纸　张锋/摄

造纸工艺流程——踏碓　张锋/摄

皮床，床为粗木条，床两端设木柱，以横梁连接，高低恰好可让人手扶。远观踩皮床，犹如一个粗犷的大提篮。将再浸泡后的皮料铺在踩床上，手扶横梁，光脚反复踩踏、揉搓皮料。

踩料结束后，将皮料放在检料床进行检料。检料床床面为竹篾编织，多孔如筛，经踩踏、揉搓后的皮料被放在床上，在抖皮、检料除掉顽固黑斑的过程中，杂质自筛孔漏下。检料完成后，再晾晒、盘皮、浸泡，将树皮踏碓砸成薄饼。

制作工序

起良楮皮纸的制作工序与北张村大同小异。前面我们已经对北张造纸工艺流程做了介绍，在起良村造纸制作工序这节，我们就把相同的制作工序省略掉，起良村造纸迥异于北张村、洋县蔡伦纸文化博物馆的地方才是我们在这一节要说的。

像浸水、蒸料、踏碓、切番我们都不再赘述。

还是让我们直接从起良造纸的捣浆说起。

捣浆：起良古老的捣浆，是将切料倒入石槽，加适量水，用木制捣具杵将切料翻捣成糊状。由于古老的捣浆方法费时、费工，如今起良捣浆已经使用蒸球打浆。蒸球打浆给人以高屋建瓴的印象，浆流槽有着回形针状的结构，浆流的动态仿佛造纸的"曲水流觞"。蒸球打浆与抄纸槽相伴，蒸球打出的浆，经过"曲水流觞"后自出口泻入抄纸槽内，远一点的抄大规格纸张的则架起竹笕接引进大纸槽中。

蒸球打浆坊、抄纸作坊仍然是青瓦覆顶，半敞檐柱结构作坊，工序呈流水线作业，既有现代气息很浓的蒸球打浆，又有古老的石质抄纸槽，居然相处和谐不悖，令人眼前一亮。需要补充的是起良蔡侯纸博物馆造纸作坊的纸槽既有古老的下沉式石质纸槽，也有安置在地面上的石质纸槽和能够拆卸安装可移动的钢板纸槽。

造纸工艺流程之覆帘压纸　程江莉/摄

　　抄纸：抄纸是整个造纸工艺流程中技术性经验性最高的一道工序。起良抄纸留下的"水里生，墙上长"中的"水里生"耐人寻味，同时也无意之中泄露了天机，赋予纸张温暖的生命。除此之外，"你待我厚了，我就待你薄了。你待我薄了，我就待你厚了"这四句行话，充分说明抄纸的用心与艰辛。纸张的薄厚、匀称，全凭匠人的全身心投入。匠人手持竹帘入水，靠自己的感觉和判断，把握入水角度和捞浆的速度，同时在朴素的造纸人文底色上深深烙下自己情感的印戳。

　　晒纸："墙"不再是传统的土墙，已改进为电热恒温钢板"墙"，生产周期快，纸面光洁整齐，品质优良，成为电热恒温钢板墙的优势。"右手掐角左手揭，再用棕刷墙上贴，上下刷纸纸面光，用心晒纸不慌忙。"晒纸口诀说起来容易，做起来就难了。"水里生"的纸是在"墙上成长"的，最能考验操作者的耐心底线。前面叙述过的几家纸坊晒纸除了刷子外，还有一个"开子"的工具，到了起良这里，"开子"直接被女工留下很长的指甲替代了。也就是说，起良的分纸是靠女工用指甲将湿纸分离开，然后一张张贴在烤墙上烘干的。长长的指甲犹如锋利的刀子，稍不注意，纸张就会被指甲撕裂而报废。

独家韵致

起良人将造纸坊称为"纸汉坊"，把捞纸池称为"纸汉池"，把池壁的石板称为"纸汉石"，把冬季捞纸时暖手的小水锅称为"纸汉锅"，把做成的汉麻纸称为"麻汉纸"。从起良村独特的造纸词汇中，可以看出造纸术起于汉代，这是一个有意思的现象。

焙纸（恒温钢板焙纸） 程江莉/摄

起良人造纸用的数字符号为Ⅰ、Ⅱ、Ⅲ、Ⅹ、⊥，刻在石板上，以铜钱置刻印上做纸张计数。这就说明，这里的造纸技术蕴含着外来的文化影响。

过去，为了楮皮原料，他们采用与拥有楮树资源的地主联姻或买山专供的办法，从源头上保证造纸原料的品质。在附近的秦岭北麓的几个峪沟，有起良村各家纸坊固定的原料基地，基地林木由专人看护。基地设置蒸锅，就地采集，就地蒸料，就地晒料，然后运回村子储存备用。

起良造纸讲究抄纸时的"桃花水"，这既是对抄纸时令的形象概括，同时也暗含着"桃花水"这个美妙的季节抄造出来的纸张具有美妙动人的魅力。

起良的汉麻纸是著名品牌，纸色纯白、薄亮、劲道、不发、不洇、吸墨、不褪色，西安美术学院副院长姜怡翔在起良试纸后，把汉麻纸比喻成玉米酒。确实如此，汉麻纸给人一种玉米酒液泛黄的迷人外观，只有在用墨时纸张的渗化才呈现出内在的质朴厚实。在汉麻纸上完成的作品给人以岩画的古老、壁画的精致的感觉，从而生成欣赏形式上大自然才有的宁静美感。一团麻纸捏在手心，具有丝质的光滑感。将一张汉麻纸揉成团，再粗搓成绳状，很难拉扯断，纸质之韧，出乎想象。

熊猫纸

说熊猫纸前，我们先说说斯里兰卡的大象粪纸。

斯里兰卡的大象"孤儿院"收容了近百头与象群走失的大象，时间长了，大象粪便堆积如山，令人头疼不已。一名商人经营的造纸作坊正好挨着大象"孤儿院"，造纸作坊的原材料主要是挨家挨户收来的废纸和草秸。一天，商人遇到了大象孤儿院的负责人，负责人正为这些堆积的大象粪便苦恼，半开玩笑地对商人说，如果大象粪便也能造纸就好了。

正在为造纸原料供应不足而发愁的商人二话没说，背了一筐象粪回到作坊，让工人加工起来。经过过滤清洗、粉碎打浆、筛浆脱水、压榨烘干以及压光等制作程序后，一张张光亮的象粪纸奇迹般地出现了。

这一意外发现使商人兴奋极了。他当即决定把自己的作坊注册成为一个纸业公司。大象"孤儿院"再也不用为打扫不完的大象粪便发愁了，如今，大象的粪便成了珍贵的造纸原料，有人还开玩笑地说哪里有大象粪便哪里就有钱。

象粪纸已成为斯里兰卡人引以为豪的国宝，很多名人政要用象粪纸作自己的名片。还有不少高级酒店用象粪纸制作《入住须知》和别致菜单。象粪纸还一度被斯里兰卡政府包装成精美的国礼，赠送给外国政要。2002年，斯里兰卡总理访美时，专门挑选了一批象粪纸。布什收到的是一箱镀金象粪纸做的信纸、信封和名片，劳拉收到的是一套象粪纸信笺，鲍威尔收到的是加入了肉桂和香蕉皮的芳香型象粪纸。

再说起良的熊猫纸。刘晓东正是受到斯里兰卡大象粪造纸的启发，联想到起良村曾经就有老人用牛粪造纸的往事，结合自己在楼观台陕西秦岭

周至起良村手工纸成品，淡绿色的是"熊猫纸"　张锋/摄

熊猫纸的原料熊猫粪便——青团　张锋/摄

大熊猫繁育基地接触过大熊猫粪便的经历，才有了这个决定。大熊猫的食物大部分是竹子，它能吃、能拉，排泄次数惊人，成年大熊猫平均每天排便 100 团以上，约 15 斤。繁育基地将大熊猫粪便当作垃圾处理，刘晓东想变废为宝，对熊猫粪便进行分拣，淘洗，保留粪便中已经"蒸沤"过的丰富竹纤维原料。

熊猫纸的制作工艺与竹纸制作工艺大同小异，"斩竹漂塘"这道工序已被大熊猫通过进食与胃肠消化和排泄完成，因此熊猫纸原料省略了繁重的斩竹以及漫长的漂塘沤浸工序，同时也省略了踏碓这道工序，下来的工序则由人工完成。

具体做法是：

（1）收集每团拳头大小，青绿色，主要成分是植物纤维，没有臭味，有竹叶清香的熊猫粪便（俗名为青团）。

（2）晾晒，摊开晒干。

（3）分拣，把混杂在青团里的竹叶等杂质剔除。

（4）剪解，用剪刀对晒干的长竹纤维再次细化分解，将青团变成竹料。

（5）淘洗，用水淘洗、过滤掉竹料中混杂的杂质。

（6）拌灰，纯净的细料与生石灰搅拌均匀，装袋。

（7）蒸料，把装袋的竹料与楮树皮一起入皮锅蒸，大火蒸 12 小时，待树皮清香溢出，捞出原料。

（8）捣浆，按比例将竹料、楮树皮原料放入蒸球打浆，将竹料与楮树皮原料捣成糊状纸浆，将纸浆放入抄纸槽。

（9）纸浆里添加纸药——猕猴桃藤汁。

（10）杖槽，将纸浆与纸药搅拌均匀，使絮状纤维在纸浆空间均匀悬浮。

（11）抄纸、沉帘，荡料入帘，顷刻之间，纸坊内便有高山流水之声，更具绿波荡漾之景。竹帘出水后，均匀的一层纸浆纤维已于水中在帘床上落定。

（12）覆帘压纸、榨干、透火焙干，一张泛着竹子光泽的熊猫纸工序就宣告完成了。

说起熊猫纸的特点，也许有人会心存疑问：熊猫纸有熊猫粪便的浓臭气味吗？其实，熊猫纸不仅没有人们想象的那么脏，而且还散发着竹子特有的清香。动物粪便被再利用的例子很多，在草原游牧区，牧民们将牛羊的粪便收集晒干做柴薪用，用牛羊粪便煮茶、烤肉，冬天点燃牛羊粪便于炕膛里取暖驱寒。

熊猫纸颜色淡黄，如果不仔细看，会误认为是芽穰楮皮纸。放在天光下透视，抄造时，竹纤维在水力与人力互动中排列在帘床的形状，有着竹纤维特有的坚、挺、括感，这种竹纤维图案在视角上给人一种鸟瞰竹海的幻觉。

熊猫纸的焙贴面因应力作用变得光滑、细腻、柔和，刷贴面手感有糙感，能感知到竹纤维在纸上形成细微到可以忽略不计的凹凸点。把熊猫纸凑到鼻前嗅闻，纸张透着一场雨后在竹林中行走时闻到的那种淡淡的香气。有人说熊猫纸过于粗糙，那是因为不了解手工纸存在焙贴面与刷贴面的原因。在熊猫纸焙贴面试笔，笔感圆润、舒畅，犹宜作画。在熊猫纸的刷贴面试笔，则有迟滞、阻涩感，笔下的力感随之而来，给人找到笔力的快感，最适宜书法。熊猫纸从古法造纸技艺中汲取营养，又在原材料方面进行了新的尝试，开创了陕西关中竹纸造纸的新路，为古老的造纸技艺注入了现代活力，具有时尚的元素，含带"国宝"的印记与"和平"的符号。2019年农历正月十四，10位外国大使来周至观光旅游，看到起良造纸工艺现场表演后欣喜不已，周至县政府便将起良熊猫纸当作礼品赠送给他们，他们非常高兴。

蔡侯纸博物馆

蔡侯纸博物馆位于蔡侯纸文化苑内，是经陕西省文物局、西安市文物局审批，刘晓东在2015年开始自费筹建，2016年5月落成的。

蔡侯纸文化苑正门（航拍） 张锋/摄

蔡侯纸博物馆由展示馆、古法造纸传习所、青少年传统教育实践基地三个板块组成，占地面积 5000 多平方米。

蔡侯纸博物馆坐西朝东，北与起良小学相邻，南与起良村居民区相伴，垂花门对面是辽阔的庄稼地，庄稼地地头就是自白马河引水造纸而凿的刘家渠。过刘家渠，往东不远就是白马河，以及临河而居以三眼桥贯通的东晋村、西晋村。

蔡侯纸博物馆被东西粉墙一分为南北两个相互贯通的空间，以主轴线上的垂花门、蔡伦雕塑、展示馆、主轴线两侧的花园为空间的，是北部展示馆区；以副轴线干道与东西粉墙如意门贯通的，是南部汉麻纸传习所。

北部区大门，为仿古垂花门，门匾"蔡侯纸文化苑"为贾平凹书写。大门右侧为门房，左侧为仿古卷棚式屋顶，现代玻璃幕墙外挂竹帘，厅内敞亮，放置着供书画家试纸挥毫的特制大书案，纸香墨香弥漫。北花园的围

起良村蔡侯纸博物馆蔡伦像　赵利军/摄

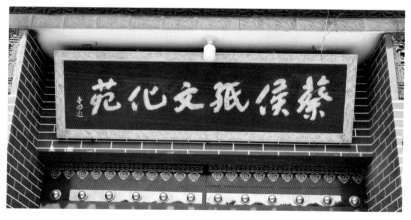

贾平凹先生为蔡侯纸文化苑题写的门匾　张锋/摄

墙翠竹掩映，半敞游廊，游廊的彩梁上垂挂着一杆一杆的楮树皮，游廊空间便成了晾晒楮皮料的展览场所，砖墁地面铺着的帐子上落满了一层薄薄的楮皮皮壳。

主轴尽头，即硬山式七间展示馆，坐西朝东，汉白玉蔡伦雕像矗立于展示馆前，成为展示馆的主题标志。里面除了南端两间为客厅兼办公室外，剩余五间全部为展示馆。展示内容分为：起良古法造纸工艺流程、图片、文字展示区；景观微缩煮楻足火、荡料入帘、覆帘压纸、透火焙干等工艺流程展示区。可贵的是，这里珍藏了不同时期的历史遗物，如书画、古纸、拓片、线装书、纸捻账册、册页、折页、蝴蝶装、文本、地契、票据等，各种生活用品的包装纸，剪纸、木版年画、春联纸、洞房糊墙纸、酒海糊壁纸、演员卸妆纸，工具类如帘料、马尾、黄泥坠子、切番刀、竹简、木牍、缣帛、活字印刷字模盘、抄纸计数器、楻锅、麻汉石等，是名副其实的造纸实物展示区。

在南侧的办公室兼客厅，四面墙上挂着省内外书画家用这里自产的楮纸一号、二号、三号以及熊猫纸创作的精美书画。客厅的一角，储存着楮纸、熊猫纸标本，散发着这些纸特有的浓郁香味。

在蔡侯纸博物馆，我们面对眼前大量的图片、文字、实物、微缩景观，触摸着历史的沧桑、岁月的痕迹、文化的根脉，感受着古法造纸的传承与超越、返璞归真与天人合一、生活之美与创造价值的温热，在中国古代科学技术的结晶、改变人类文明进程的造纸术面前，心底油然而生的是对我们智慧勤劳的先祖的虔诚敬意。

蔡侯纸博物馆已成为首批中国手工造纸联盟七个成员单位之一，还被省政府授予"陕西省第一批青少年优秀传统文化教育社会活动实践基地"，前来实践参观的青少年和游客络绎不绝。

日益广泛的影响

随着时间的推移，起良手工造纸步入正轨，蔡侯纸博物馆的影响大幅度提升，在当今非遗受到重视的社会大环境中，这里的造纸和博物馆彰显了它的重要作用。

刘晓东要设法适应大好形势，他首先加强了技术力量，重视了技术传承问题。家庭成员中，他的女儿刘婵娟虽已出嫁，但一直在这里干活，她的丈夫贺海潮是中学教师，也一直利用节假日来这里协助打理。近年间又增加了他的二儿子刘向阳、侄孙女刘珍珍。

值得一提的是，刘晓东的二儿子刘向阳，在福建空军后勤某部服役十二年，转业后在杨凌区政府工作。为了这里的事务，刘向阳辞去工作，带着妻子孩子回到起良村，在纸坊学习踏碓、切番、配浆技术，他已经熟练地掌握了关键的几项。

刘晓东的侄孙女刘珍珍，放弃了原来工作，她勤奋好学，短短两个月就学会了捞纸和晒纸工艺。捞纸工艺，一般需要三四年的时间才能自如掌握，初级阶段一天捞出来的纸，能够贴上墙面的仅两三张而已，刘珍珍打破了这个纪录。

刘晓东的女儿刘婵娟除了在纸坊干活，又增加了新的任务，负责接待前来研学的师生。她利用自己的技术，教学生做太阳花纸。所谓太阳花纸，就是采用一帘一纸的两次浇纸法，第一次浇纸后，给帘床上铺一层自己采来的花草，随意摆弄一个喜欢的图案，再第二次浇纸成型，这种纸就成了可供观赏的工艺纸。这种现场创造的操作，会产生令人惊喜的效果。她还熟悉制作线装书的工艺，向师生们现场传授这方面的技艺。

刘晓东还扩大了纸的种类，例如艾纸，是将野地里常见的具有中药价值的艾草进行分拣、浸泡、蒸煮、打浆，与楮皮浆融合，运用他们娴熟的造纸工艺，制成淡绿色的散发着浓郁香气的新纸品。

蔡侯纸的生产和蔡侯纸博物馆的免费开放，引起了社会各界的关注。中央电视台、陕西的不少媒体都做了宣传报道，不少电视媒体在这里拍摄了专题片。一些非物质文化遗产专家、学者，不少高校、中小学校师生纷至沓来，交流参观，建言献策，联系建立研学基地，给予大力推广与支持。周至县政府也在这里举办旅游文化活动，向来访的外国友人推介蔡侯纸工艺，熊猫纸的制作引发了外宾的浓厚兴趣。

一些画家、书法家慕名而来，譬如西安市书法家协会原主席杜中信、西安美术学院副院长姜怡翔等，经常带人来这里参与造纸互动，试纸、买纸、定做纸。王晓辉是中央美术学院国画系主任、教授，他多次带着学生来体验古法造纸工艺，并当场试纸。一年多以来，坚持每天用蔡侯纸画一幅大写意国画，发网上展示。王莉，曾经留学美国，专做非遗文创，她用蔡侯纸在普通打印机打印制作美术作品取得成功，又用蔡侯纸为材料试验印刷机印刷。原博，清华大学美术学院视觉传达设计系副教授，带学生参观学习，用蔡侯纸创作年画，准备在清华大学美术学院建一个古法造纸作坊，由起良蔡侯纸纸坊供应楮皮原料，用自己的手工造纸作为学生的年画创作用纸。李昕桐，世界非遗项目湿拓画传人，2019 年 9 月 1 日，她带着学生来这里观摩造纸工艺流程，现场用蔡侯纸创作湿拓画，得出"陕西起良蔡侯纸，这种经过 36 道大工序的中国古法纯手工纸，其韧度及拓画效果超过目前试拓过的其他中国手工纸"的结论。

造
纸

与过去常见的家庭造纸作坊相比,起良村从一开始就走开放的路子,不再以家族成员为主,对学习造纸工艺的人来者不拒,形成了以大工匠为基础,以同村乡亲为主要成员的格局。作为民间民营博物馆,对外开放,任何专业人员和游客都能随便进入。在纸种方面有新的突破,在传统手工纸的基础上开发出楮纸一号、二号、三号、四号,以及创意熊猫纸和艾纸。

随着周至集贤镇、九峰镇被西安高新区托管,以九峰镇起良村蔡侯纸博物馆造纸传承为依托的非遗小镇也已由酝酿阶段跨入项目可行性分析、研究、规划阶段了。尽管还是一个蓝图,但已经说明了这里产生了重大的影响,它可能催生地域经济的发展,焕发新的活力。

第六章
前景：欣喜与隐忧

我们所处的时代，日新月异，多元多变，发展很快。只有那些具有远见卓识、敢作敢为的人，才能抓住机遇，利用时代的风潮展翅腾飞。传统工艺若要可持续发展，也必须与时俱进。

起良村熊猫纸　赵利军/摄

目前陕西的手工造纸呈现平静、安稳并有所进展的状态，匠人们日复一日，年复一年地劳作，产品各有比较稳定的用户销路。手工纸还有潜在的应用市场，具有能够维持正常生活的经济来源，具有动态的造血功能，部分示范点还扩展了新的路径，呈现出风生水起的蓬勃景象。

我们是分不同时间段前往考察地点，搞的都是突然袭击，每到一处，虽有不同的感触，但是一致的是，这些造纸人都在自己的岗位上忙碌地工作。在长安北张村第一次采访张逢学时，他正在院子碓坊踏碓转番子，他的孙子张刚在后院抄纸，儿媳在楼上墙壁前晒纸。翻过秦岭，我们到汉中宣纸所在地镇巴九阵坝，正好看到胡明富在松纸、晒纸、揭纸；从镇巴到洋县蔡伦博物馆，虽然是下雨天气，依然看到游客在观看蔡伦造纸作坊所有的工艺流程。几次到距周至县城几十里地的九峰镇起良村，参观了正在对外开放的起良蔡侯纸博物馆，并在作坊看到了蒸料，还参与了一次蒸料剥皮的过程。我们并不担心古法造纸的末路，因为听到的议论是：手工纸就像待嫁的姑娘一样，都是有"下家"的人，根本就不愁嫁不出去。从原料加工到成纸，生产周期长，效率低，产量有限，不能与工业纸同日而语，但它具有高度的技巧性、艺术性，并且隐含各类知识主体于造纸匠的手中和头脑中，呈现技能、技巧、诀窍、经验、洞察力、心智模式、群体成员的默契等文化形态。手工纸与人们的衣食住行用等日常生活和社会生产劳动密切相关，既具有现实的日用价值、经济价值，又具有很高的审美艺术价值和科学人文价值以及历史价值。

仔细梳理，我们认为目前能够呈现这样的景象，主要原因有以下三点：

一、传统的品质优势与新产品开发相结合

手工造纸是传统手工技艺且独具手工业技术与工艺的历史传承脉络，自身具有鲜明的民族、地域特色以及显著的传统审美意趣。它以天然原材料为主，采用古老的手工技艺，在不同的时代与地域，满足了不同民族在衣食住行方面的物质需求，同时具有了非物质文化遗产的实用性、地域性、非

物质性、活态性、流变性和社会性，具有自己独有的品质特性。这种独有的品质特性是由社会生活与地域环境日益培养形成的，也就和当地人的生活习惯与社会风习连在了一起。随着时代社会的发展，如果能与时俱进，进行新产品开发，就会赢得市场。

以汉中镇巴宣纸为例，其作为陕西乃至西北地区唯一一家书画纸手工生产企业，在省内外影响深远。陕西是中华文明的发源地之一，迄今为止，仍然是中国大陆一块文化高地，这块高地尽管经历了漫长的沧桑巨变，但文化的根脉却一直长盛不衰。从于右任、沈尹默，到石鲁、赵望云、黄胄、刘文西等书画大家以及形成的长安画派、黄土画派，在当地必然引发产生大批的书画家和书画爱好者，书画用纸不可或缺，也为手工造纸的生产提供了市场需求。安徽泾县宣纸虽然名气很大，但长途运输的费用必然增大它的销售价格。更重要的是，汉中宣纸的质量并不比泾县宣纸差，近水楼台先得月，当地的书画家就对它产生了兴趣。由于手工宣纸的品质优良，加之胡明富有新的思路，能够根据艺术家用笔的不同特点，为每个人配制不同秘方的专用纸，艺术家的笔墨在这样的宣纸上得心应手，就因此大受欢迎了。外省的书画家也纷纷慕名求购，市场不断扩大。周至起良村也紧跟潮流，刘晓东经过多次试验，发挥了蔡侯纸的品质优势，开发出楮纸一号、二号、三号等系列产品，同时在汉麻纸的基础上开发出熊猫纸和艾纸，开拓了手工纸单一的纸种格局，拥有了自主研发的品牌。长安北张村的王康利也在近年间更新设备，生产了四尺整张宣纸，有了自己的供货客户。这样，就形成了艺术需要与生产需求的良性互动循环。

再看镇巴火纸，这种竹纸虽然难登大雅之堂，但它却适应了民间习俗，老百姓需要用它来祭祀，对祖先、神灵表情达意。火纸焚化后不留灰烬，随风飘然升空，似乎和神灵连接在一起了，机器纸无法做到。长安北张村几户生产的白麻纸，周至起良生产的汉麻纸，规格、大小、颜色不一，周围城乡用来包装、化妆、祭祀等，它的特殊价值、自身优越性、不可替代性，决定了能够我行我素，正常生产，这是值得庆幸的。

二、开拓进取的大文化思路

我们所处的时代日新月异，多元多变。只有那些具有远见卓识、敢作敢为的人，才能抓住机遇，利用时代的风潮展翅腾飞。传统工艺若要可持续发展，也必须与时俱进。可喜的是，镇巴的胡明富和周至的刘晓东，他们有大眼光，利用自身的条件，摆脱了窝在手工造纸狭窄的空间寻找出路的模式，呈现出大文化的思路与格局，印证了手工造纸的非遗文化具备无限的生机与活力。

2001 年，胡明富在距县城十公里的长岭镇九阵村成立了新农科技有限公司，后来又成立了新农蔬菜专业合作社，吸收当地农民加入，种菜、养猪、养鸡、养蟾蜍等，引进蔬菜新品种，搭大棚建温室种植反季蔬菜，用

胡氏宣纸厂，工人们正在检纸　胡明富/供图

液化的猪鸡粪给蔬菜施肥，用种植副产品养猪养鸡，培训农民一万余人次，无公害有机蔬菜保持在 1500 亩以上，先后获得农业部"无公害"标识和"无公害蔬菜认证书""国家级百强示范社"，被国家科协和财政部评为"科技惠农兴村先进单位"，被省农业厅定为"全省百强示范社""百强示范提升工程"，获"马铃薯高产陕南第一名"等。胡明富为农民脱贫致富做出了贡献，也为宣纸生产积累了资金。2014 年他投资数百万元，在九阵新农园区成立了胡氏宣纸文化传播有限公司。胡明富还拥有 10 万亩青檀林基地，有镇巴宣纸工艺传承创新工作室、文化长廊，以及正在筹建的农耕文明博物馆和以沈尹默纪念馆命名的名人字画展览馆。我们在这里游览，看到道路两旁松柏翁郁，名人书法石碑在松柏下排列有序，十二根石柱浮雕生肖栩栩如生，院内有老旧石碾、拴马柱、旧家具农具、石条木匾等，很像展品丰富的民间博物馆。大厅内挂满了名家字画，多年来他收集了名人作品 2000 多幅。还有十分难得的艺术珍品，如沈际清木刻书法、沈尹默书法十条屏、王世镗书刻木匾等。他多次邀请文化名人到这儿举办笔会，目前正在筹建农耕文明博物馆，还要修建从镇巴走出的沈尹默、王世镗两位大书法家的纪念馆，吸引了大批文化人、书画家和旅游观光的客人，不光积累了资金，拓宽了纸的销路，思想观念和工作方法也得到了提升。

周至起良蔡侯纸博物馆加强了传统技艺与高科技的融合度，依托陕西乃至全国高校聚居地的西安，凭借自身的地理优势，加强与当地高校、文化机构的联系，充分运用先进的声光电、多媒体技术、数字摄影、数字模拟仿真等多种高科技手段，形象呈现国家级造纸传统技艺的精髓，宣传非遗，闯入市场。近年间，新闻媒体和高校师生前来采访观光的人数迅猛增加。相关单位和领导也出了主意，希望刘晓东加强与其他国有博物馆结盟，与院校结盟，做出高质量的文创产品，提高纸品，做好包装，打好自己的品牌。这里是很好的研学基地，他决心脚踏实地，一步一个脚印向前走，办好博物馆，造纸、文化、研学、旅游、新闻互动，走出一条广阔的路子。

洋县蔡伦博物馆本来只有蔡伦墓、蔡伦祠，蔡伦纸文化博物馆落成后，

起良村造纸作坊和蔡侯纸文化苑院落（航拍） 张锋/摄

出现了新的生机。在旅游的基础上，还原再现了蔡伦造纸的全部工艺流程。仿古式造纸作坊，由采集原料、沤料、煮煌足火、荡料入帘、覆纸压帘、透火焙干等造纸工具，由纸匠完成全部造纸工艺流程表演，直到从焙纸墙上揭下一张古色古香的楮皮手工纸，每一道工序都附着一则或多则蔡伦造纸的故事。蔡伦纸文化博物馆还开发了时代气息很浓的文创产品，如线装册页、图案古色古香的小笺等旅游卖品。加上研学与旅行结合，学生实践抄纸，在湿纸帘上，用各种时令花卉的花瓣，在成纸上拼贴出自己的创意图案，作为有纪念意义的手工纸文化收藏产品，令人耳目一新。

三、匠人们孜孜以求的敬业精神

手工造纸是一门古老的手艺，从事这种职业的人必须是匠人，必须有匠心。匠心就是没有选择的修行，是一种根植于心的信仰，因为代代相传而根植于心、溶于血脉的基因。现在我们看到的这些传承人，一般来说，具有匠人匠心的特点，在手艺、技能方面，不断修炼，争取做到精益求精。长安北张村的马松胜是一位堪称"把式"的抄纸能手，经验十分丰富，虽然年事已高，却不断在实践中学习，经常整理自己的工艺心法文字资料。他能把古人传下来的种种口诀、专用词语结合具体操作方法详细地讲述出来。镇巴的胡明富善于观察，通过观看书画家临场挥毫的用笔特点，判断书画家对宣纸的洇墨要求，及时反馈到生产中，为书画家用纸进行特别配方，又为书画家量身打造带有书画家印戳纹的纸帘。他不断在技术环节方面发明创造，进行设备更新。周至的刘晓东，作为负责人，还要参与每一个生产环节，认真把关，在"蒸构""出构"的现场盯着。在入冬备料的时节，与匠人们一起，每天三点起床，下午六点半息工。他在蒸料的技艺上不断摸索总结，掌握了独特细致的方法。

任何事物的发展都是由两个方面组成的。一方面，我们看到了这些示范点的稳定存在和蓬勃兴盛，一方面又感到潜伏的忧患。长安北张村和一些偏僻地方的古老作坊，面临的困难和问题比较严重。

起良村中国汉麻纸制作技艺传习所　赵利军/摄

　　北张村的白麻纸自唐朝开始就用作奏折和科举考试用纸，被历代视为精品。隋唐时白麻纸还传入了朝鲜、日本等国。新中国成立前，北张村手工白麻纸曾风行延安，解放区和西安地区的报纸大量使用这里的纸张。"人民公社"时期，沣河边家家造纸，公社将工匠集中起来统一生产，由供销社统一销售。如今，北张村造纸全部为小的家庭作坊，一家一户，小打小闹，经济收益仅能维持日常生活。抄纸对于北张村的村民而言，不再是唯一的谋生手段，很多年轻人愿意外出创业或者就地打工来养家糊口，不愿意学习抄纸。而年纪较大的纸匠则多由于文化水平较低，缺乏自我创新意识和经济实力，不能更新设备、开发新产品，老产品在市场竞争力不足。而传统的传承大都以"口传心授"的形式进行，方式比较单一。同时，各个作坊各自为阵，技术保密，缺乏沟通、交流，因而在保护与开发的过程中出现了很多潜在危机。传统的造纸技艺，原料选用比较讲究，工艺也比较复杂，且都是纯手工，决定了手工纸成本高、经济收益转化周期较长。市场机制纸价格低廉，手工纸产品的用途不断缩小，销量降低，经济效益比较差，这就影响了生产积极性。

招收学徒，让年轻人学习技术，是一个普遍的难题。过去的学徒工是没有工资的，如今就不同了，一到这个岗位就要按当地的打工工价开工资。工价高，成本高，利润在哪里？如果没有工资，谁会来学习呢？除了自家的子弟，很少有外人当纸匠的学徒。

还有一些地方现存的民间造纸传承没有纳入非遗保护系列，这些被抛在国家级或省、市、县级非物质文化遗产传承人名录之外的手艺人，难以获得政府资金的支持，也难以得到社会的广泛关注。例如，我们在镇巴的崇山峻岭中偶尔看到的火纸作坊，那么简陋原始，举步维艰。在柞水、镇巴，以及一些没有发现的地方，依然有一些没有获得非遗保护资格的小作坊在运作，过着没有政府支持、无人关注、自生自灭的日子。但是，作为一个僻背之地的古老作坊，一定有自己独特的文化蕴含和独特的技艺秘诀，它们的孤独存在，实在令人怜悯，令人担忧。

附　录

造纸术的外传

　　造纸术由陕西向全国各地辐射推行，因地制宜，就地取材，南方多以竹子为原料造出竹纸，北方多以楮树皮为原料造出楮纸。随着时间的推移，各地造纸的情形异彩纷呈，千姿百态，传统手工造纸不论规模还是技艺都在日益发展。

　　朝鲜是最早学习中国造纸术的国家。中国造纸术之所以能够传到朝鲜，多亏了两个人，一位是东晋时期的高僧摩罗难陀，另一位是百济国的太子琳圣。当时朝鲜半岛有百济、高丽和新罗三国势力共存，东晋太元九年（384），百济近仇首王去世，其长子枕流王即位，按照惯例，新国王需要遣使向晋朝朝拜请求册封，晋朝也会派使节往来，摩罗难陀就是在此时受到派遣前往百济的。高僧带着佛具、经书等物品，乘船从山东烟台出发，到达百济后，摩罗难陀受枕流王之托，除了传播佛法，还兴办学堂、传授造纸术。百济人学会造纸术后，将这种技术传播到当时的新罗。自此，朝鲜半岛的百济、新罗都掌握了造纸术。

　　早在公元 2 世纪，中国纸与书卷便已传到越南。在汉末、魏晋时期，越南北部地区已能造纸。据德国汉学家夏德研究，当时大秦不会自行造纸，所献纸为其在越南所采购，"东罗马使臣或亚历山大城商人来中国广东通商，途经越南时，将当地所造沉香、皮纸充作本国物品向中国朝廷作为进贡礼物"。越南南方的纸是由北方输入。宋元以后，南方也可以造纸。陈朝艺宗绍庆元年（1370），曾派遣使臣将所产纸扇进献明太祖朱元璋。清雍正年间，越南曾回赠清帝金龙黄纸二百张。晚期越南版书籍多以竹纸印刷，而此纸也与中国纸类似。

据《日本书纪》记载，中国纸和造纸术是通过朝鲜传入日本的，"（推古天皇十八年，即公元610年）十八年春三月，高丽王贡上僧昙征、法定，昙征知《五经》，且能作彩色及纸、墨，并造碾硙，盖造碾硙始于是时欤。"实际上，日本造纸早于此时，传授造纸技术的是公元450年从百济来日本的汉人五经博士王仁及其随行的汉人工匠。根据对日本法隆寺、东大寺所藏飞鸟与奈良时代的用纸化验结果，当时造纸原料多是破麻布、楮皮和雁皮。其纸制浆技术同中国一样，用植物灰水兑原料蒸煮，更在浆液中加淀粉糊。日本典籍《延喜式》《令义解》和《源氏物语》等均有关于日本官方造纸机构、材料与类型的论述。镰仓时代以后，日本麻纸渐少，皮纸占主要地位。江户时代手漉和纸得到较大发展。和纸文化在今天的日本仍受到高度重视。

陆上丝绸之路的开通是造纸术外传的重要起因。中原地区有两条陆上通道可达西域：一是从西藏经喜马拉雅山口南下，一是从今新疆经克什米尔至印度西北部。两条通道的中国一侧，新疆在十六国时期（304—439）已于当地造纸，而西藏从唐初（7世纪前半叶）起就有了造纸作坊。印度造纸法及纸的型制与中国新疆、西藏类似，在12—13世纪印度已有自己的造纸业。

令人可喜的是，陆上丝绸之路所经之处都有古纸出土。1900年，瑞典探险家斯文赫定在新疆楼兰发掘出嘉平四年（252）、泰始二年（266）、咸熙二年（265）和永嘉四年（310）等魏晋纸本文书，大多为麻纸，说明内地的纸早已传到西域地区。1907年，斯坦因在敦煌发现九封用中亚粟特文写成的书信，这是客居凉州的中亚商人南秦·万达在311—313年间写给撒马尔罕友人的信件，可见粟特人早在4世纪已使用中国纸。

制作宣纸的主要工序

在第二章，谈到洋县蔡伦纸文化博物馆时，我们已经把古法造纸的工艺流程做了概括性介绍，但要将概括性古法造纸工艺流程作为宣纸的工艺流程，还是不尽细致，不尽全面，因此有必要再对镇巴宣纸抄造的工艺流程进行深入性的丰富、补充，以及完善。

主要器具和设施：

1. 青檀皮制作：柴刀、蒸锅、挽钩、石滩、选皮台、皮碓、切皮刀、切皮桶、料缸、袋料池、料袋、扒头。

2. 草料制作：钉耙、切草刀、蒸锅、挽钩、石滩、鞭草棍、洗草笭、洗草池、木榨、选草筛、草碓（碾）、泡草池等。

3. 制纸：纸槽（镇巴宣纸纸槽安置在地面上，与洋县纸槽安置有别）、水碗、帘床、纸帘、梢额竹、滤水袋、滤药袋、泡胶桶、扒头、纸板、纸榨、猪毛把、抬纸架、晒纸架、焙笼、松毛刷、额枪、擦焙扫把、检纸台、掸把、裁剪纸刀（天下第一剪）等。

皮料制作工序：砍条、蒸料、浸泡、剥皮、晒干、水浸、渍灰、沤淹、灰蒸、踩皮、淹置、踩洗、碱蒸、洗涤、撕选、摊晒、碱蒸、洗涤、摊晒成燎皮、鞭皮、碱蒸、洗皮、压榨、检皮、做胎、选皮、舂料、切皮、踩洗、淘洗、漂白成檀皮。

草料制作工序：选草、切草、捣草（破节）、埋浸、洗涤、渍灰、堆积、洗涤、日光晒干成草坯、蒸煮、洗涤、日光摊晒、蒸煮、洗涤、日光摊晒制成燎草、鞭草、舂料、洗涤、漂白成草纤维料。

配料：将草纤维料与檀皮纤维料按一定比例混合，棉料配比是40%皮料＋60%草料，净皮为60%皮料＋40%草料，特种净皮是80%皮料＋20%草料，纯皮为100%皮料。再经筛选、打匀、洗涤，制成混合纸浆。

制纸：将混合纸浆配水，配胶（加猕猴桃藤汁），再经捞纸、压榨、焙纸、选纸、剪纸、包装为成品。

宣纸成品要求达到纸质绵韧、手感润柔，纸面平整、有隐约竹帘纹，切边应整齐洁净，纸面不许有折子、裂口、洞眼、沙粒和附着物等瑕疵。

宣纸的制作是一个"蒸捶捞晒几艰辛"的过程，这些简洁明了的文字里蕴含无穷无尽的宣纸制作信息。因此，很有必要根据我们在镇巴宣纸各个车间的感受，对镇巴宣纸制作工艺流程做一个感性还原。

宣纸的分类与品性

宣纸是中国传统的古典书画用纸，始于唐代，最早产于泾县，因唐代泾县隶属宣州管辖，故得名宣纸，迄今已有 1500 余年历史。2002 年，安徽宣城泾县被国家确定为宣纸原产地域。

由于宣纸有易于保存、经久不脆、不会褪色等特点，故有"纸寿千年"之誉。2006 年，宣纸制作技艺被列入首批国家级非物质文化遗产。2009 年9 月 30 日，宣纸传统制作技艺获联合国教科文组织肯定，列入人类非物质文化遗产名录。

陕西的手工宣纸生产最早在镇巴县。1984 年，镇巴皮纸厂宣纸生产试验成功，轰动一时。2014 年，胡明富投资数百万元，在镇巴九阵新农园区成立了胡氏文化传播有限公司，宣纸大量生产，质量不断提高，品类渐渐增多。"韧而能润、光而不滑、洁白稠密、纹理纯净、搓折无损、润墨性强"的特点充分体现，镇巴成为安徽泾县之后国内少有的宣纸生产县。近年间周至起良村刘晓东、长安北张村王康利也能制作四尺整张书画宣纸。

分类：

按原料分类，可分为棉料、净皮、特净三大类。一般来说，棉料是指原材料檀皮含量在 40% 左右的纸，较薄、较轻；净皮是指檀皮含量达到 60%以上的纸；而特净皮是指原材料檀皮的含量达到 80% 以上的纸。皮料成分越重，纸张更能经受拉力，质量也越好，对应到使用效果上就是：檀皮比例越高的纸，更能体现丰富的墨迹层次和更好的润墨效果，越能经受笔力反复搓揉而纸面不会破。这就是书法用棉料宣纸的居多、画画用皮类纸居多的原因之———并不是不能用净皮、特净皮纸写字，而是棉料宣纸已经基本能够满足书法的需要了。

按纸面洇墨程度分类，可分为生宣、半熟宣、熟宣。熟宣是加工时用明矾等涂过，故纸质较生宣为硬，吸水能力弱，使用时墨和色不会洇散开来。因此特性，使得熟宣宜于绘工笔画而非水墨写意画。其缺点是久藏会出现"漏矾"或脆裂。熟宣可再加工，珊瑚、云母笺、冷金、洒金、蜡生金花罗纹、桃红虎皮等皆为由熟宣再加工的花色纸。生宣则吸水力强。用淡墨水写时，墨水容易渗入，化开。用浓墨水写则相对容易。故创作书画时，需要掌握好墨的浓淡程度，方可得心应手。半熟宣也是从生宣加工而成，吸水能力界乎前两者之间，"玉版宣"即属此一类。简单区分生宣和熟宣的方法就是用水接触纸面，水分立即散开的即为生宣、凝聚基本无变化的，即为熟宣，散开的速度较慢的为半熟宣（亦称煮锤宣）。

品性：

作为纸种之王，宣纸如一个极其优秀的人一样，有着与其他纸种截然不同的气质，以及鹤立鸡群的"性格"：柔韧、湿染、吸墨、艰涩、轻灵、持久、胶着、增值。

柔韧性：将生宣揉成一团后再经过熨烫，依旧可恢复平展如初的原貌。在生宣上创作作品，作品完成墨迹干燥后，即使将写好的作品任意团揉，经过装裱处理后，作品依旧呈现平平展展的视觉效果。尤其在拓片制作方面，宣纸的柔韧性更是得到淋漓尽致的体现。专门用作制作拓片的扎花宣纸，薄薄的纸张贴在凹凸不平的表面上，任凭反复敲打，依然能够保持伸缩自如、裂而不断的完美状态。

湿染性：判断生宣与熟宣最简单的方法就是用水来检验，当水滴在宣纸上，落在纸面上的水滴逐渐向四周扩散的就是生宣，而水滴落在纸面上没有立即扩散或不再扩散开的就是熟宣。我们把生宣显现的这种水滴逐渐向四周扩散开来的现象称作湿染性特性。生宣具有较强的湿染性，不同的生宣纸显现的湿染性程度也有差异，这种湿染性运用在国画表现中可以增强韵味和层次感，运用到书法创作上，书写者具备较强的书写功力后，能够很好地驾驭水墨的湿染性后，可以利用水墨落入纸内产生的四下流溢特性将水墨转入向内渗透，这样，留在纸张表面的墨迹渗透到纸张的内部，当书写者练就入木三分的书写功夫后，生宣具备的湿染性使得书写的字体饱满而刚柔并济，作品装裱后，水墨线条会透露出圆润立体的视觉冲击力。由于生宣具有独特的湿染性，使得书写变得难上加难，因此，书法实践作为一种提高人生修养的实践行为，需要漫长的修为才能达到期待的目标。湿染性的特点，可以锻炼书写者内在的涵养和自我内聚力，同时，也是检验书写者耐心和品格的途径所在。

吸墨性：生宣除具备湿染性特性之外，还具备较强的吸墨性能。生宣具有的湿染性由水的特性引发，用淡墨书写产生的湿染性现象比较明显，用浓墨书写产生的湿染性程度相对减弱。宣纸的吸墨性与其内在的构造以及所用墨液有着不可分割的关系，"水走墨留"是大家对这种特性恰如其分的表述，也是极其细小的"墨颗粒"与宣纸内部纤维"管道结构"的完美融合，故此，墨品（用于创作时的浆状墨液）的质量和纸张的质量，便是对墨色效果影响最大的因素。正是生宣具备了湿染性使得其又具备较强的吸墨性，反之，生宣具有较强的吸墨性使得其产生独特的湿染效果，二者相辅相成，使得生宣创作出来的书画作品具有较强的视觉效果和独领风骚的魅力。

艰涩性：如同攀登高峰，虽然艰辛，但是具有挑战性的追求一直是人类勇往直前的精神所在，在书画创作领域，生宣的使用正因为其具有书写难度才使得书法艺术的魅力大放异彩。我们这里围绕书画书写存在的艰涩性现象，阐述其意义，对喜好书画艺术的人可以起到鞭策的作用。因为生宣书写具有的艰涩性特性，会让很多人望而却步，形成很多人难于在中国书画领域有所成就的局面。艰涩性体现在笔墨挥洒上，笔墨在生宣纸面上的表现之所以很难酣畅淋漓地流动，是因为生宣具有较强的涩性，由于这种涩性造成用笔和用墨都变得举步维艰。艰涩性如同阻力，生宣纸面上如同涂抹了防滑剂，你在纸面上书写发现摩擦力加大，不能轻而易举地进行书写，这种笔与纸之间产生的摩擦一旦被克服，磨合得天衣无缝后，你的书写就能突破进退维谷的境遇。

轻灵性：把宣纸拿在手中或张挂在支架下，悬空着的宣纸被风吹动，轻而薄的宣纸就会飘拂起来，正是由于宣纸具有这种轻而薄的特性，太极书道实践开创了悬空书写训练法，悬空书写就是在悬空挂着的生宣上进行书写（绘画）创作，这种悬空书写也可称为轻灵派书写，在纸张悬空状态下书写，由于受力对象的生宣纸无法固定下来，毛笔不能尽力着力在的纸面上，于是，如何在轻而薄的生宣纸面上写出沉着痛快的作品来，就成为轻灵派书写的"绝妙"之地。通过悬空纸张书写，我们能更深地体会柔软的毛笔和特殊的水墨效果以及生宣纸之间的关联，能够认识到书写中意识活动的作用的重要性。没有宣纸这种轻灵性，太极书道的实践就没有办法开展悬空书写表现，悬空书写，能够让我们对人的精神活动有一个全新的认识，为我们探求提高书写层次和境界提供一种途径。

持久性：由于宣纸在生产的过程中，最大程度剔除了性质不稳定的木质素、蛋白质等元素，保留下来的几乎全是相对稳定的纤维，这种特性使得宣纸一是可以稳定不易变化，二是纯净不易招惹虫蛀，是自古以来可以保存时间最长的纸质载体。"纸寿千年"既是指此种特性，而此特性，经胡明富在模拟环境下做实验得到了成功论证。

胶着性：综上所述，在生宣纸上书写虽然有难度，但是当你能够手到擒来地掌握好书写，等你能入木三分地将字写入宣纸内，待墨迹晾干后，把晾干字迹后的生宣纸泡在清水里，即使泡上半天，着墨的生宣纸也不会发生跑墨现象，即墨汁不会因为水的浸泡而发生墨汁化开的问题，这种现象就是宣纸具有胶着性性能的表现所在。正是因为宣纸具备了胶着性，使得书画装裱后更显艺术美感。胶着性与前面说到的吸墨性有内在关系，这种胶着性前提在于生宣纸具有较强的吸墨性，即使你用干燥了的写过字的生宣纸擦手，手上也不会沾染上墨迹。

增值性：随着经济生活水平的全面提高，人民群众的精神生活的要求也在不断提高，源于对资源性产物的珍惜，对"轻似蝉翼白如雪，抖似细绸不闻声"的宣纸的收藏已经快速成为越来越多收藏投资爱好者的目标，连续几年供不应求的局面更是令这种增值性越来越受到人们的重视。近年来，随着宣纸陈纸被大家的认可度不断提高，除去一些特定限量版的品种以外，一些存放年限较足（业界默认的期限是 5 年以上的即可称之为"陈纸"）的宣纸价格亦成逐年上涨趋势，从而获得一些投资者青睐，因这种品种稳定而安全，大有发展成为新的投资渠道之势。胡明富深谙宣纸的特性，根据刘文西、方济众、陈忠实、贾平凹等众多书家援笔着力、用墨的特点，配方、制作出适合不同书画特点、带有不同印记风格的私人专用宣纸，一些个人客户订单在数量和总量上均呈快速上升的态势。由于镇巴宣纸生产沿用古法造纸工艺，生产周期漫长，生产的宣纸有限，客户用纸只能等候。

手工纸的包装与标识

当然，宣纸工艺部分还没完全结束，检验合格，按一定的数量裁切成固定尺寸，盖上印章打好包装，就可以上市售卖。宣纸可是纸种之王，不是随随便便包装一下就完事，要知道，宣纸可是身带贵族徽记光环的高档纸，宣纸的包装与纸戳是非常讲究的，美丽动人的女人总该有一身"淡妆浓抹总相宜"的行头吧，宣纸也不例外。

一

刀：喜欢书画的朋友大都知道，常用的宣纸一般是以"刀"为单位，

100张四尺单宣叠成五折，用包装纸封好，就是市场上最常见的规格。为啥用这个单位呢，主要得归因于这把大剪刀：这把剪刀的形状无比彪悍，像两把菜刀合体在一起。古时没有裁纸机，一摞纸一两百张，要把边缘裁切整齐，就得用这把大剪刀，依靠宽大的刀身和裁纸师傅手上的技巧，可将一大摞纸裁得整整齐齐。再先进的裁纸机，在这大剪刀面前都显得那么笨拙。像六尺、八尺，丈六、二丈、三丈三这些尺寸规格，一般的裁纸机只能望纸兴叹，这把彪悍的剪刀却可以轻松胜任，不得不佩服劳动人民的智慧。

当然，传统手工纸的工艺纷繁多样，似乎还没有一个套路四海皆宜，裁纸刀自然也不例外。除了菜刀合成大剪刀之外，还有更霸气的。西南的四川、贵州等产区用的就是名副其实的刀，大弯刀！裁纸刀一次裁一摞，一摞100张，全国都这么统一？当然也不是！一刀100张大概是近几十年宣纸成为手工纸的标杆之后才逐渐成为主流的，在此之前那可真是五花八门，时至今日仍留存有不少特例。像夹宣一般是50张一刀，四川夹江地区仍保留有70张一刀的规格，一些地方纸种以及老纸种还有90张一刀，120、150、160、200张一刀等各种不同的情况。广东仁化的玉扣纸至今仍保留200张一刀的包装方式，买一刀扛回去，沉甸厚实，不努力都很难用得完。明末清初叶梦珠在《阅世编》有这么一段话："竹纸如荆川太史连、古笺将乐纸，予幼时七十五张一刀，价银不过二分，后渐增长。至崇祯之季，顺治之初，每刀止七十张，价银一钱五分"。价增量减，看来自古都是这么玩的啊……

如果觉得按刀买纸不过瘾，像宣纸还可以按件来，每件宣纸历史上曾有83公斤、60公斤、25公斤等不同的规格，刀数不一。包装方式也从篓篓到麻袋，再到现代的纸箱，"件"之前还用过"块"做单位，用竹篾绑成一个大方块，便于运输和储存。竹纸则因产区分布广泛，情况更加复杂，有按篓、块、担的，一块多少张，一担10刀、12刀等不同的情况，各地标准不一。

中华人民共和国成立前，手工纸主要由水路运输，许多产区都为篓篓包装，里面以油纸、箬叶内衬隔潮。从南方各纸行发往上海的竹纸，常有一千篓两千篓的说法，或者五百块八百块的。这种箴篓的包装方式有点类似于竹篾花卷茶，非常稳固瓷实。包装时先用纸垫好，四周上夹板，再用油纸和箬叶裹严，最后用竹篾围捆严实，加盖纸号印戳。

当然，整篓整块地买纸毕竟是土豪和纸行的套路，大部分用纸人都没有这种阔气。古时纸是比较金贵的，日常都是一张张仔细数着用。一些比较讲究的好纸，更有一枚两枚的说法，足见用者的珍视与风雅。即便在宫廷，用纸也是一张张数，而且还得郑重其事地记到小账本上，这些小本本最后都成了历史档案。

二

印：这里所说的印，指的是纸戳，如今最常见的就是宣纸上的这种刀口印，俗称橡皮章。在橡皮章之前多用木刻章，比较精致的还有牛角章。尽管只有短短一列十来字，刀口印的信息量却不小，一刀宣纸基本的产品信息，几乎都浓缩在这十几个字里面。在宣纸商标出现之前，常见的是"官"字印，表示经过官方登记。"拣选""洁白""玉版"是生宣的通用印章，大概表示纸张经过质检挑选，纸色洁白，纸质优良的意思。"净皮"是原料配比，"四尺"是尺寸规格，"单宣"是纸张厚度，最下面则是厂名。简简单单十余字，把宣纸的主要信息交代得一清二楚。当然这只是字面的信息，对于一些宣纸行家来说，刀口印中的信息远远不止这些。由于不同年代刀口印在形制、格式、字体、写法、厂名上都有些许不同，有经验的玩家通过刀口印一眼就能看出该刀宣纸的大致年份，当然也包括一些老宣纸的真伪，甚至是某些特殊品类的来历。这些信息尽管不是刀口印直接表达，但可以通过刀口印间接鉴别出来。

在手工纸中，宣纸的刀口印算是比较规范的，相关的信息比较明确。但并非所有纸种的刀口印都这么规矩，一些书画纸上也堂而皇之地盖上"特净""净皮""加皮"，那不过是蒙事儿而已。

追根溯源，这种盖在手工纸侧边上的刀口印的历史并不长，大概也就百余年。差不多晚清民国往后才逐渐有这个模式。前两年北方某博物馆的文房展上冒出这么一刀纸，"大清乾隆三十年制"。真没听说宣纸刀口印上还带官窑年款能准确到年份的。刀口印这么简单粗暴的东西怎能匹配古人的精致风雅？

还有近年市面上冒出来的这种"贡宣"，包装方式不伦不类就不提了，"贡宣"两字华文新魏的字体也是挺穿越的。

那古人究竟是怎么玩的呢？其实模式也并没有多大变化，还是盖个印，或者叫纸戳，只是盖印的位置和印文形式略有不同，稍稍文雅含蓄一点。历史上最为著名的纸戳，大概是金粟山藏经纸的朱色小印：印的尺寸不大，钤于每张纸心。由于这方小印的存在，金粟山藏经纸的身份一直都非常清晰，仿佛自带光环，历朝历代都有不少粉丝追捧，这其中就包括乾隆。

乾隆皇帝对许多古代名纸心向往之，于是命工匠仿制了一批。那时候没有现代的纸张分析技术，基本就只奔着外观去了，纸质跟原来根本不是一码事儿，大多都是拿粉蜡笺对上颜色就算过关。譬如金粟山藏经纸原本沿袭的是硬黄纸的套路，乾隆仿出来则满是虎皮宣的既视感。尽管纸质不对路，但乾隆仿的这批纸质量也是极好的，尤其粉蜡笺的质量更是顶呱呱，至今仍有不少人追捧。每张纸的边角处都钤上一方朱色小印，"乾隆年仿金粟山藏经纸""乾隆年仿明仁殿纸""乾隆年仿澄心堂纸"，堂堂正正地仿古，也是一段佳话。乾隆年不少著名笺纸都有类似的纸戳。

当然，前面这些个纸戳都是名气比较大的。在明清时期，纸戳是手工纸上常用的一种标识方式。除了这类藏经纸、笺纸的印记，古籍中还常常能见到各类纸号印、纸名印、年号印……五花八门，不胜枚举。

纸戳比较多见的是钤于整刀纸的某一张上，亦有钤于底部刀口，用于标记纸号以及纸张的品类。现存一些古籍、文书、档案的边角旮旯中，偶尔还能发现这类纸号的印记。许多纸号为了突出自己的特色，还会设计专门的图样和文字，不仅是个性化的产品标签，还具备一定的防伪功能。

各个纸号的纸戳都不尽相同，花样繁多，信息量也是非常大的。而且不同时期纸戳的形制风格、雕印水平、印章材质都有所差异，不同产区纸戳的文字内容也迥然有别。这些纸戳的背后都包含着丰富的历史信息，或可作为文献鉴定的依据，只是目前做这方面研究的学者不多，尚未形成体系。

到此为止，宣纸的工艺流程基本介绍清楚了。然而，宣纸制作工艺流程并未结束，我们还没有为镇巴宣纸盖印呢，拿起秦宝宣纸的印戳，染上印泥，秦宝净皮宣纸出现在刀口上。

纸与印刷术

在人类文明史上，有两次重要的材料革命——铁器和纸的出现。铁器改变了农业和军事的面貌，纸改变了思想和文化的原形。就纸和印刷术而言，古代中国无疑走在了人类文明的前列。

印：从印到印刷有一个循序渐进的发展过程。早在纸出现之前就有了印，印的历史甚至比文字的历史更长久，从最早的图腾到后来的文字，印都是权力的象征。印者，信也。作为权柄的典型物化，印在东方为泥封，在西方为蜡封。从制作和印刷原理来说，印章与雕版如出一辙；或者说，印章是缩小的雕版，雕版是放大的印章。同时，印章也是最早的复制工具。事实上，印章与雕版的最大区别不在于形式，而在于内容。在雕版印刷出现之前，碑刻是"书籍"的主要载体之一。碑刻不仅可以直接阅读，还可以作为机械复制的母版。拓印要比手工抄写更加便捷，且不失真，因此拓印技术流传甚广，成为很多历史典籍重要的复制方式。雕版的过程类似治印，印刷的过程类似拓碑；印章与拓印相结合，将沉重易碎的石板换成易刻结实的木板，雕版印刷技术也就水到渠成。虽然西方认为活字印刷才是印刷，然而雕版印刷已经是中国传统的印刷。准确地说，印刷在西方是"印"，在中国则是"刷"。活字印刷在中国的地位类似雕版印刷在西方的地位。

从抄写到雕版印刷：与传统的手工抄写相比，印刷的效率要高得多；使用雕版印刷技术，一个印工一天可印制 1500—2000 张纸，一块印版可连续印刷上万次。印刷实现了书籍的大量生产，甚至说，印刷创造了"书"这种商品。在隋唐时期，佛教已经用雕版印刷大量复制佛像和经书。世界上现存最早的雕版印刷品就是一部印制于唐咸通九年（868）的《金刚经》，被发现于敦煌莫高窟。当世界其他地方还在手工抄写时，中国已开启了一个"印刷时代"。唐代，书籍印刷和销售已经相当繁荣。五代时期，战乱频仍，"事四朝，相六帝"的冯道见"诸经舛谬"，而传统的碑刻工程又过于浩大，遂以印经取代石经，首次采用雕版印刷《九经》。手抄书因数量有限极易失传，印刷术提高了书籍的生产规模，这使唐宋之后文献佚失大大减少，保存下来的史料也远比之前丰富得多。明代藏书家胡应麟在《经籍会通》中指出，雕版印刷"肇自隋时，行于唐世，扩于五代，精于宋人"。作为文化的典型象征，中国印刷业在宋朝达到巅峰，印刷书的质量和数量都达到相当高的水平。这一时期还出现了世界最早的"纸币"。从宋代起，"线装书"的规范实现了书的标准化；传统手写楷书被刀刻方角的"宋体"代替，这种严谨有力的新字体更易刻制和识别。更重要的是，刻工的劳动成本下降了一半，这直接导致印刷成本的降低。宋代之后，中国文化陷入长时段的停滞，印刷技术基本停留在宋代的水平；出现于宋朝的活字印刷技术，此后并未取得实质性的突破。在后世看来，宋版书的印刷技艺确实达到了登峰造极的程度，这在一定程度反而阻碍了活字印刷的发展。究其原因，是因为"宋本多以能书人书写上版"。在中国，汉字不仅是一种文字，其本身还是一种艺术——书法艺术。对中国人来说，文字和书籍不仅仅意味着知识，也意味着审美，甚至审美的需求大于求知，这其实也是中国藏书家众多的重要原因。值得注意的是，中国古代印刷书基本都是雕版印刷，即"刻本"。因为汉字数量大，在前工业时代生产大量活字的费用远比雕版要高，晚清来华传教的米怜在印刷汉字版《圣经》时，就采用了中国传统的雕版印刷。这其实与景德镇瓷器画工流程极其类似。刻工根本不需要识字，妇女也能胜任，因此，刻工的工资"低得不可思议"。张秀民先生在《中国印刷史》说："虽然早在北宋时就已发明活字印刷，但活字印刷一直未能替代雕版印刷成为中国印刷的主流，活字本的数量仅及雕版书之百分之一二，与15世纪以来西洋印本几乎全部为活字印、李氏朝鲜活字本压倒雕版者均不同。现在虽有许多宋版书保存至今，但尚没有发现一部活字本。"

尴尬的雕版印刷：无论雕版印刷还是活字印刷，其成本在古代都是极其昂贵的，这在很大程度上使得印刷术本身对中国的影响并不像对西方那样显著。有一个众所周知的原因，就是中国的人工成本一直都极其低廉，抄手一般都是识字的读书人，而刻工大多不识字，因此，抄本对书籍的版式风格造成深远的影响；同时，在传抄过程中，人们往往根据个人喜好，对不同内容任意组合，并加入各式评点和注释，因此形成了传统书籍（包括刻本在内）的"杂录"式风格，以及文本的不确定性。书籍以这种人工方式，可以复制至几百部、几千部，使传统文化得以薪火传承。虽说宋以降，雕版图书"流布天下，后进赖之"，但并没有完全终结手抄书时代，书籍的匮乏与珍稀可想而知。

纸的应用

书信：书信是一种向特定对象传递信息、交流思想感情的应用文书，这种文书随着载体材料的变迁，最后在纸这种载体上徘徊缠绵了上千年。亲笔给亲戚朋友写信，不仅可以传达自己的思想感情，而且能给受信人以"见字如面"的亲切感；科技不断进步，又相继出现了电话、电报、录音带、录像带、电子邮件等交流信息的手段，可以预见，未来电子邮件这一新兴的手段会被越来越多的人运用。随着社会的发展，人与社会的关系也在进行重新建构，书信的运用除传统用法，即公函私函之外，一个新的发展动向便是原先私函类中因为个人需要而向政府机构、企事业单位、知名学者等个人所发的事务性的信件，这一类信件的使用量逐渐增多，值得我们注意。我们将其称为个人公文。另外，在古代书信作为主要的通信来源，它不仅仅传达着国与国的文化交流，同时也传递着人们思想和情怀（对家乡父老、对爱人、对朋友，等等），还起到了报平安的深层含义。

简称书信为"信"，那是近代才有的事。在漫长的历史进程中，由于书写材料演变等原因，书信又有许多别名、美称，如函牍、信札、尺书、尺素、书翰、文牍、尺牍、尺简、书函、书柬、书简、书札、书牍、翰札、简牍、信件、竹简、手札、函件、鸿雁等。

竹报平安：唐代段成式《西阳杂俎》中说："卫公（即唐代宰相李德裕）言北都（即太原）惟童子寺有竹一窠，才长数尺，相传其寺纲维（即主管寺内事务的僧人）每日竹报平安。"后来，就以"竹报平安"代称平安家信，也简称"竹报"。如宋人韩元吉《水调歌头·席上次韵王德和》词："无客问生死，有竹报平安。"

锦字：即用锦织成的字，源于一个凄婉的故事。《晋书·窦滔妻苏氏传》载："窦滔妻苏氏，始平人也（今陕西武功县），名蕙，字若兰，善属文。滔，苻坚时为秦州刺史，被徙（流放）流沙（沙漠），苏氏思之，织锦为回文旋图诗以赠，滔宛转循环以读之，词甚凄婉，凡八百四十字，文多不录。"后来就把妻子寄给丈夫的信称"锦字"。如范成大《道中》诗："客愁无锦字，乡信有灯花。"锦字也称"锦字书""锦文""锦书""锦中书"。

黄犬音：典故出自《晋书·陆机传》。西晋文学家陆机是吴郡吴县（今上海松江）人。他养了一条狗，取名黄耳，他曾在当时的首都洛阳羁留，很久没有得到家信，十分惦念，一日他笑着对狗说："我家绝无书信，汝能赍书取消息不？"黄耳摇尾作声，表示可以。于是陆机写信用竹简装，系到狗颈上。狗向南寻路到家，取了回信又送回洛阳。后来就用"黄耳"或"黄犬"代指信使，用"黄犬音"借指家信。王实甫《西厢记》第五本第二折："不用黄犬音，难传红叶诗。"黄犬音也称"犬书"。如李贺《始为奉礼忆昌谷山居》："犬书曾去洛，鹤病悔游秦。""鹤病"即妻子生病。

八行、八行书：古时信笺每页多为八行，所以称书信为"八行"或"八行书"。李渔《意中缘·悟诈》："八行代我传心事。"北齐人邢邵《齐韦道逊晚春宴》诗曰："谁能千里外，独寄八行书。"

青鸟书：青鸟是传说中的神鸟。《山海经·西山经》中说，三危之山上住着三只青鸟，它们的主要任务是为西王母取食和送信。《艺文类聚》引旧题班固《汉武故事》说："七月七日，上（指汉武帝）于承华殿斋，正中，忽有一青鸟从西方来，集殿前。上问东方朔，朔曰：'此西王母欲来也'。有顷，王母至，有两青鸟如乌，挟侍王母旁。"后人就称信使为"青鸟"或"青鸟使"，书信为"青鸟书"。如王实甫《四块玉》套曲："又不见青鸟书来，黄犬音乖。每日家病恹恹懒去傍妆台。"李商隐更有"青鸟殷勤为探看"的名句。

书的装帧：装帧是一部书稿在印刷之前，对书的形态、用料和制作等方面所进行的艺术和工艺设计。其内容包括开本、封面、护封、书脊、版式、环衬、扉页、插图、插页、版权页、封底、书函在内的开本设计、封面设计、版面设计以及装订形式、使用材料等。封面设计一般由文字和画面两部分有机构成。书籍的装订形式与排式有关。现今大多是横排书，采用的装订形式有精装本、平装本、单行本、合订本、普及本、缩印本、袖珍本等。

古代函套种类：函套的种类有书套、纸匣、木匣、夹板等。"书套"以纸板为胎，内粘纸，外贴布，若四周上下六面包严，称"四合套"。在开函处制成月牙状的，称"月牙套"；在开函处制成云状或环状的，称"云头套"。"纸匣"以纸做原料，由内三面书匣与外五面匣套两部分组成，从书匣的纵侧面开启，而在另一固定纵侧面上书写书名、著者、书号、卷、册、函数等。"木匣"以楠木等硬木为材，制成五面封闭匣套，盛书时另用二块木块夹垫在书的上下。"夹板"，系从木匣简化而来，用纸带通过上下两块夹板上的扁孔，将书紧紧系牢。

古代书籍装帧的形式："装"，原意为"裹"，后引申为"装治""装束"，用作保护，兼及装饰。将纸以蘖木等染成黄色，称作"潢"，取其防蠹蛀蚀，与"装"作用相似。"装潢"一词，在魏晋南北朝时，已是通用之语，是古人保存及维护纸本书籍的重要方法之一。公元 1 世纪末，纤维纸成为书写绘画的主要载体以前，"书"除书写于"竹简"与"木牍"外，亦与"画"同，载于"帛"，是以早期书籍和绘画的装潢方式区别不大，多以卷轴、折叠形式为主。随着纸成为书写的主要载体，书籍外观开始产生变化，"粘页""缝缋""旋风""梵夹"等方便阅读的装裱形式应运而生。公元九世纪，雕版刻印书技术成熟，折叠册页，装订成书，已成为书籍装潢主要方式，自此，"书"与"画"的外观逐渐分途。宋元两代常用的"蝴蝶装"、明朝宫廷流行的"包背装"，以及清代盛行的"线装"，都是在册页的基础上发展出来的。有清一代，"穿线订书"既经济且耐用，遂逐渐成为书籍最普遍的装帧形式，虽然沿用至今，但相对于"洋装书"，今日的"线装书"已成为古籍的代称之一。

纸鸢：纸鸢系南北朝纸制品，又称风筝。用细竹扎骨架，糊上薄纸，系上长线，利用风势飞上天空的玩具。最早发明风筝的是春秋时期的鲁国人公输般，他首制了"木鸢"。纸张发明后，为了减轻鸢的重量，才出现了飞得更高、更远的纸鸢。在我国，已形成北京、天津、山东潍坊、江苏南通四大风筝基地，其中以潍坊风筝最为有名。

纸牌：纸牌系唐代纸制品，供多人消闲、娱乐游戏。纸牌在古时叫木子戏，又叫叶子格，或叶子。叶子即纸片，长条形，纸片上以画笔添上或以雕版刻印上文字和图案。坊间今多见《水浒传》人物图案纸牌，多见于老年人消闲。

纸被：纸被也是唐代纸制品，以纸做成的寝具。以纸做寝具，属于清贫儒生无奈之举，在古代使用纸被不免被人耻笑，但现代用纸做被（医院用）已屡见不鲜。纸层间形成空气间层，隔热系数并不低，盖上纸被在空调环境中也没有大的问题。现代纸被是采用机制纸做成，只在传染区病房内使用。从原料、抄造、加工、质量和应用，均与古代纸被不可同日而语。

纸帐：纸帐还是唐代纸制品，用纸做的帐子。纸帐的作用主要是保暖挡风，不是为了防止蚊虫叮咬。过去，一般社会阶层中按习俗经常使用纸帐，绸缎帐子多在冬季才挂用。以为纸帐只是贫苦人才会使用，这是以现代人的思维去想象古代人的生活。

纸冠：纸冠仍然是唐代纸制品，就是纸帽子，用纸做成的帽子。古代的服饰有头衣、胫衣、足衣之别。头衣就是今天所说的纸帽子。古代头衣分冠、冕、弁三种，冠是冕和弁的总称，所以后来就有了"冠冕堂皇"这个成语。冕为黑色，上面是一块长形板，两端挂一串串圆形的小玉珠，叫作旒。天子戴的为 12 旒，这是最尊贵的礼冠。弁是没有旒的冠，有爵弁、皮弁（类似后世的瓜皮帽）等多种。弁的周边缀有一条或几条环状小玉石，会闪闪发光，有点像夜空的星星，故有"会弁如星"之说。在封建社会，官员们戴的帽子不仅是身份的象征，而且也有等级的差别。唐宋时因模仿道士而用纸制作道冠，文人墨客也以戴楮冠为时尚。至于平民百姓，没有财力制冠，统治者也不允许他们拥有戴冠的权利，只好"庶人裹巾"了。

纸甲：纸甲依然是唐代纸制品，即纸铠甲，是战斗中士兵护身装备之一。纸甲是唐宣宗时徐商发明的，它是用极柔之纸，加工锤软制成。因为铁甲易生锈，行军不便，纸甲不但轻便，而且柔软，在战场上，雨水浸透的纸甲铳箭难透。到了清朝，政府还制作防护肩、手的"纸背手"供士兵防护使用。许多武侠小说中的铠甲就是纸甲，所谓的金丝软甲完全是艺术虚构。

纸伞：纸伞系宋代纸制品，即用纸为主要原料制成的伞。相传是黄帝发明了伞。也有鲁班妻发明之说。纸上加油制伞，纸便具有防水性，雨天出外可遮风挡雨。制伞工序有 86 道，包括选料、劈骨、削骨、钻孔、褙纸、上油、喷色、画花等。以桑皮纸条粘贴伞的龙骨三层，以桐油或者生漆涂纸，刷后晾干，干后再刷反复再三，制成的伞不但防水、挡雨，还有透亮感。纸伞的品种较多，除普通油纸伞外，还有供装饰观赏用的遮阳伞、表演伞、屏风伞、灯罩伞、挂壁伞、窗帘伞、塔伞等。陕西汉中就有以伞命名的伞铺街。

纸衣：用纸代布制作的衣服，起于宋代。

古代纸衣多为僧人、道士所用，劳其筋骨，饿其体肤，修仙炼道，即能以纸衣御寒，还能与普通人加以区别。今已演化为民间祭祀用，从纸衣又衍生出许多现代的纸汽车、电视、电脑，乃至于纸别墅、纸保姆等不一而足。

纸扇：纸扇即引风纳凉的纸质扇子。纸扇分两种：白纸扇，黑纸扇。白纸扇的扇面用上等宣纸，不超过尺幅，扇面正反两面，作画、题字各占一面，集诗、书、画为一体，堪称艺术珍品。白纸扇又分圆形纸扇和折扇两种。折扇后来又产生出欣赏性的檀香折扇和象牙折扇。黑纸扇的扇面采用桑皮纸，纤维长，拉力强。黑纸扇扇面上再涂以烟煤粉和柿胶漆调成涂料，乌黑匀亮，在扇面上用金粉或者银粉描出不同的书体，溢彩流金，古朴高雅。以折扇为例，扇子由两部分构成：一部分是扇骨，以细长的竹片叠合，下端头部绞钉固定，伸开来呈现半圆形；另一部分是扇面，选用强韧耐折的纸张糊裱在扇骨上。扇骨料可以从棕竹、慈竹、湘妃竹、乌木中任选一种。扇面料则以"双层贡"（宣纸）、桑皮纸为佳。经过糊面、折面、整形、砂磨、涂漆、条饰等一系列工序精制而成。

纸灯笼：纸灯笼又称纸灯，出现于宋代。用竹条或者木条和铁丝构成圆形框架，在框架周边蒙上（粘贴）半透明的纸质材料，中央点燃蜡烛，照明使用。纸灯笼形式多种多样，主要划分为照明灯笼和节日花灯两大类。前者比较简单，后者工艺比较复杂。陕西纸灯笼又分西府灯笼和东府灯笼。

纸年画：纸年画出现在明代。年画起源于远古时代的原始宗教，开始是画门神、灶神。到了唐代，掺入释、儒、道等宗教色彩，门神被唐玄宗幻想出的钟馗取代。到了宋代，雕版印刷的广泛运用，奠定了年画艺术的坚实基础。至此，以木刻印制、人工加色的"纸年画儿"，便有了专门生产的铺店作坊，年画艺术日益成熟、走向定型。年画艺术在宋代形成，但各地称谓不一，叫"画贴""纸画儿""消寒图""欢乐图""画张儿"等。从内容上，年画题材分为八大类：一是喜画，如龙凤呈祥、天仙送子等；二是福寿屏，如天官赐福、百寿图等；三是祖师纸马（又称甲马，以黄纸或彩纸上印的神像，因皆有马乘骑故名纸马），如木匠鼻祖鲁班、药王孙思邈等；四是扇面画，如单刀赴会、太白解表等；五是西湖风景丈画，如西湖即景、水漫金山等；六是灯屏画，如孝行感天、三娘教子等；七是博戏玩具，如三英战吕布、时迁偷鸡等；八是岁时杂图，如九九消寒图、桃园三结义等。从技巧上，又分多种：一是手工绘制，对原画进行誊描、扑灰画，全由人手加工，这种方法使用较少；二是木版套印，这是年画的主要生产方式；三是半印半画，先印出人物衣着和背景，再对头脸、服饰着色绘成；四是套印背景、手染脸面；五是仿木刻画法，用单色复印；六是漏版刷印，可以漏四次（上四色）。从用纸上说，北方多用皮纸类，如高丽纸、楮纸、宣纸等。南方则用竹纸类，如毛边纸、连史纸、毛太纸、玉扣纸等。有的地方对纸选择性不大，"有啥纸用啥纸"。陕西著名的年画为凤翔年画，其他地方有天津杨柳青年画、苏州桃花坞年画、河北武强年画、河南开封年画、四川绵竹年画、福建漳州年画、山东聊城年画、云南丽江年画、湖南隆回年画、广东佛山年画、山西临汾年画等。

纸聊斋：用纸人纸马做祭品，是一种极为古老的传统了，甚至可以追溯到上古时期的人牲，彼时文明未开，杀活人祭祀，后来逐渐废弃，开始扎草为人，代替活人，《礼记·檀弓下》有载："涂车刍灵，自古有之，明器之道也。"郑玄注："刍灵，束茅为人马，谓之灵者，神之类。"可见茅草人名曰刍灵。秦始皇陵的兵马俑，则是以陶器为之。汉代以后纸的出现及应用，便有了更为简易的材料，纸人纸马，后来还多用在巫术中，民间传说，明代的"白莲圣母"唐赛儿起义时，做纸人纸马，化作真人真马，于是起兵造反，可惜正逢天降暴雨，淋湿了纸人纸马，因此兵败。纸的神话传说民间比比皆是，流传异常丰富，这也从侧面反映出纸对人类的影响自物质层面上抵达人类精神世界，赋予纸以生命、以灵魂、以理想。

地图：《易·系辞上》有"河出图，洛出书，圣人则之"之说。河图既是最早的文字，也是现在地图的祖先。上古炎、黄两族之间"流血漂杵"的"阪泉之战"，就是以黄帝得到河图洛书取胜而终结的。《周礼·夏官·职方氏》有："职方氏掌天下之图，以掌天下之地"。《史记·刺客列传》记载：

"秦王发图，图穷而匕首见。"前面我们说过，古代地图先是刻在木版上的，后被帛代替。地图之重要，足以代表权利范围的土地，足以掀起并决定一场"流血漂杵"战争的胜负。在古代，地图不是谁都能看到的，就连大将军李广在讨伐匈奴的战争中也只能用向导，因为迷路而导致战争失利，被汉武帝问责而自杀。倘若李广有地图可用，历史恐怕就不会有"李广难封"的悲剧，更不会出现后来李陵的悲剧。直到有纸质地图后，行军打仗都是将卷起的地图装在有盖的竹桶里，随时查阅。当一张纸变成军事地图，这张纸质的军事地图足以以一场酝酿已久的战争粉碎人们的和平愿望，掀起一场战争的浩劫，故孙子"兵者，国之大事也"也是站在军事地图前发出预言式的感叹。即使到有了电子地图的当今，地图的应用依然不可或缺，甚至已经应用到交通、动植物、矿产资源、气候、地质地震等诸多领域，并深刻影响着人们的生活。细细想来，起到如此重大作用的，不就是一张纸吗？

图纸与样式雷：现在常见的图纸，都是《考工记》衍生的子孙。今天所见的《考工记》，是作为《周礼》的一部分，内容涉及先秦时代的制车、兵器、礼器、钟磬、炼染、建筑、水利等手工业技术，以及天文、生物、数学、物理、化学等自然科学知识。现在架桥、修路、建造大厦，都是工程施工人员依据图纸，让空荡荡的地面"万丈高楼平地起"的，随后使这些建筑成为一方地理标志。这些建筑落成之后，建筑图纸会被存档。譬如，北京故宫的修复就是根据存档的故宫建筑图纸作为修复依据的。样式雷，是对清代200多年间主持皇家建筑设计的雷姓世家的誉称。雷氏家族有六代人负责过北京故宫、三海、圆明园、颐和园、静宜园、承德避暑山庄、清东陵、西陵等工程设计。雷氏家族进行建筑设计方案，都按1：100或1：200比例先制作模型小样进呈内廷，以供审定。模型用草纸板热压制成，名烫样。雷氏家族的烫样独树一帜，留存在世的部分烫样存于故宫，成为了解故宫建筑和设计程序的重要资料。我们现在看到的泡沫建筑模型就是由样式雷发展而来，而我们现在的安居乐业、欣赏到的精美古代建筑遗存，莫不由纸而生。

纸币：纸还以货币的形式深刻影响着社会经济的发展。最早的纸币是交子，交子是北宋仁宗天圣元年（1023）发行的货币，是世界上最早使用的货币。方法是存款人把现金交付给铺户，铺户把存款数额填写在用楮纸制作的纸券上，再交还存款人，收取一定保护费，这种临时填写存款金额的楮纸券便是交子。纸币的出现是货币史上的一大进步，这种以纸做商品流通的媒介一直沿袭到今天。人们今天使用的美元、欧元、英镑、人民币，质地无不为纸。试问，一张纸，未必人人都爱，但一旦纸变成了钱后，有谁不爱呢？

当然，纸的作用还有更多的存在，譬如我们常见的医生为病人开的处方，心电图的直观性，照片的洗印……莫不与纸有关。

后　记

当我们按照重点非遗传承人的住址，对陕西境内的传统手工造纸非遗示范点进行实地考察，并翻阅文献资料，钻研专业知识，对已经展开的工作细致琢磨时，才发觉，我们不但进入了一个陌生的全新的领域，而且这个工作还具有开创性的意义。中国古代造纸术的发明，在人类文明史上掀开了划时代的一页，它的无比重要的作用是容易理解的。但是牵涉到传统造纸的工艺流程，对这些专业性很强的知识层面，我们深感棘手，尤其是涉及不同地域不同环境的独特工艺，又面临复杂深奥的技艺，确实令人望之却步。再说，从古至今，陕西还没有一部这方面的著作，甚至就连一个镇、一个县、一个市的比较全面系统的资料也没有。

意识到这一点，也就意识到困难的严重程度，同时也意识到工作意义的巨大，也就增加了对严峻挑战的回应力量。幸好，我们在采访过程中，能够得到当事人的积极配合，采访的过程也就是学习技艺的过程，而且我们也受到了他们的感染，被他们的劳苦艰辛和奋发卓绝的精神所鼓舞。当我们也像他们一样融入了当地的自然环境，一颗心投入了他们的生活、他们的事业，就对古法造纸有了情不自禁地喜欢，对这些坚守在保护非遗阵地上的传承人心生敬意。这些内行高手，他们把自己的技艺当作祖先的"香火"代代传承，把造纸的情感融入自己的生活与生命之中。在将近两年的日子里，我们不断地和这些"匠人"接触来往，对他们的言谈举止音容笑貌非常熟悉，对他们的从容与执着无比钦佩。尤其不能忘怀的是，在镇巴，和胡明富先生一起奔波多日，本来已采访结束，我们为他说的那棵古老的带着仙气的青檀"树王"着迷了，不听他的劝阻执意要去亲眼看看。谁知这一去，竟然发现了大山深处那个不起眼的火纸作坊，又发现了他老家门前遗留的石板箍的抄纸槽子，尤其是在人迹罕至的偏远山坡上，看见了那棵气势恢宏的老青檀树。它的多主体的硕大的干茎、扩展的枝条以及整个树冠，散发出神秘的沧桑的气息。令人惊讶的是，内膛的树枝上挂满红色布条，这是当地的习俗——"搭红"，村民只有对显灵的"神树"才会如此敬仰。这里还深藏着一个秘密，树下围着一个小帐篷，里面放着香蜡裱纸，胡明富取出一束香，就地跪倒，烧香敬拜，口中念念有词。我们从他的口中得知，他的父辈以及先祖们，都是以宗教般的情怀对待造纸，相信有神灵在冥冥中护佑他们。联想到他曾经说过，每一张纸都是有生命的，就觉得他对"树王"的顶礼膜拜是发自内心的虔诚。青檀树是当地造纸的原料，乡民们和青檀树的关系犹如鱼儿与水，那份亲情，外人难以理解。环顾四周，群山逶迤，溪水潺潺，林木繁茂，仔细思量古法造纸的历史，原来它就是天、地、人的灵妙的融合过程。在周至，我们的家乡，九峰镇起良村的刘晓东先生，我们多次去他那里考察，每次都得到他周详的关照，不但领略了他的精湛技艺，还看到了他的开拓进取的气魄和多干实事的精神。长安北张村的那几位传承人也都以兢兢业业的状态令人感动。这些，都是我们从事这次写作的精神收获，也算是我们得到的始料未及的"非遗"成果吧！

这次写作，得到不少有识之士的关照和帮助。洋县文化馆原馆长、作协主席、文化学者段纪纲先生，在文学创作与非遗研究方面卓有成效，书稿中多次引用了他提供的宝贵资料。张志春教授热情鼓励与及时指点，他的充分信任和丰富经验，对我们完成任务起了重要作用。责任编辑张静认真负责，一丝不苟地要求和指导，也起了显著的作用。还要感谢镇巴县文化馆原馆长董润芳先生，他是一位群众文化学者，对非遗文化有透彻理解，提了宝贵建议，还寄来材料，令人感激。

我们期待读者和专家的批评指正。

张兴海　朱春雨

2020 年 9 月 9 日

蔡伦祠堂大殿东侧墙上的造纸流程壁画　赵利军/摄